青春，能跑别走！

当年华逝去······

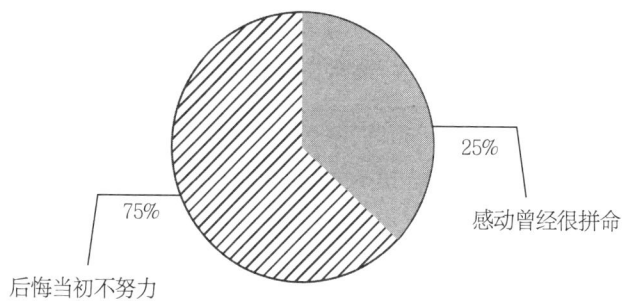

75%

后悔当初不努力

25%

感动曾经很拼命

你 的 努 力 终 将 成 就 灿 烂 的 自 己

只有不努力的人，没有不成功的人生。

别在奋斗的年纪选择安逸，别因一时的困境放弃梦想。

你不努力，谁能给你灿烂的人生？

你的努力

终将成就灿烂的自己

宛沐清 著

北京理工大学出版社

图书在版编目（CIP）数据

你的努力，终将成就灿烂的自己 / 宛沐清著. — 北京：北京理工大学出版社，2016.6

ISBN 978 - 7 - 5682 - 2112 - 2

Ⅰ.①你… Ⅱ.①宛… Ⅲ.①成功心理 – 通俗读物 Ⅳ.①B848.4–49

中国版本图书馆CIP数据核字（2016）第067197号

出版发行 / 北京理工大学出版社有限责任公司

社　　　址 / 北京市海淀区中关村南大街5号

邮　　　编 / 100081

电　　　话 /（010）68914775（总编室）

　　　　　　（010）82562903（教材售后服务热线）

　　　　　　（010）68948351（其他图书服务热线）

网　　　址 / http://www.bitpress.com.cn

经　　　销 / 全国各地新华书店

印　　　刷 / 三河市双峰印刷装订有限公司

开　　　本 / 710毫米×1000毫米　1 / 16

印　　　张 / 15　　　　　　　　　　　　　　　　责任编辑 / 李慧智

字　　　数 / 165千字　　　　　　　　　　　　　　文案编辑 / 李慧智

版　　　次 / 2016年6月第1版　2016年6月第1次印刷　责任校对 / 周瑞红

定　　　价 / 32.80元　　　　　　　　　　　　　　责任印制 / 边心超

努力，才能过上美好的生活

出版社编辑找我给这本书写序言，作为出版界同行，我欣然接受了。待我打开文档一看，方知是宛沐清的书。说实话，当我的视线在这本书的字里行间游移时，好似在五月时分的花园里，邂逅了一位昔日的挚友。那种惊喜感，难以用语言形容。

人们常说：人生得一知己足矣。其实，在我提笔写这篇序言时，我和宛沐清并未谋面，也不相识。但从她这本书的字里行间所散发出的缕缕淡香中，我感觉仿佛与她相识了很久。

屈指算来，由于工作的缘故，这些年来，我看了很多励志方面的书籍，很多书看后也就忘记了。的确，有些书在遣词造句上看似华丽，甚至绚烂，然而让人读过之后，却不知其所云何物，用一句流行的话来说，就是不够"接地气"。宛沐清的这部作品则不然，她在书中所举的例子大多源于我们身边的事情，有生活气息，接地气，而且有亲和力。实话实说，我很喜欢这种有人间烟火味道的作品。

在书中，作者通过一个又一个生动的故事，告诉大家一个简单而深刻的道理：要想成功，唯有努力，然而努力是要选择一个正确方向的，否则难免会南辕北辙而枉费工夫。她在书中叙述了自己从事写作的一段艰辛历程，读及此处，回想起我自己过往的一幕幕成长经历，不由得为之动容。实际上，类似这样引人共鸣的故事，在她的书中还有很多。

可见，一部作品，如果要真正令读者叫好，关键在于能否和读者实现心灵的互动。为此，作品之中就要写真情，述实感，从而拨动人们心底的那根心弦。诚能如此，即便是平实的语言，也不会令读者厌倦。

此外，现在还有一些作者，尤其是活跃在网络上的部分作者，他们不是写武打，就是写言情，或者写悬疑等，在他们的作品中，往往情节雷同，着墨于风花雪月，力求让读者"心惊肉跳"。这些作品仿如快餐文化，来时疾风骤雨，去时不见踪影，再回想则索然寡味。可以说，一个作者若无一定思想内涵，纯靠跟风，断然写不出新意，更难以让文字留传弥久。

相对而言，本书作者能在字里行间凸显其独特的思想和独到的见解，足见她是用心去写、用心去提炼生活的。不仅如此，书中选材新颖，题材灵活，读来倍感亲切。

最后，我给大家推荐这本书，是因为作者写出了我想要写，却还未写出，又希望读到的东西。坦诚地说，这本书的字里行间充满了阵阵暖流，既有令人感动的故事，也不乏生活与处世的智慧。本书告诉我们，每一个生命都有独特的意义，一切付出都是有价值的，都会在未来的某个季节获得不同程度的回报！

待我合上书本，心中感动与温暖并存，激情与力量久久激荡。希望读者朋友与我共享。

鹿理梅

（山东省作家协会会员，山东省"齐鲁文化之星"）

2015 年 11 月 10 日

人生需要努力，即便受尽磨难，也要走出命运的沼泽地，并让自己的努力成就生命的绚丽多姿。然而，并非所有的努力都会有结果。怎样才能避免让我们的努力付诸东流？关键在于我们对生活的态度，以及人生旅途中做出的每一次选择。

为此，本书从理想、人生态度、青春期迷茫、爱情、亲情、人际关系等方面入手，以朴实、淡雅的文风，真实、感人地讲述一个个精练却又寓意深刻的小故事，寓理于事、寓情于字，在我们面对困难与迷茫时，给我们以信心和勇气。

其实，在我们的人生中面临着诸多的"选择题"，总要先做出选择，之后再加以努力。对于每个人而言，填对选择项，紧跟时代的脚步，不盲从，不瞎忙，适当地改变自己的性格，才能有助于成就人生，改变命运。若能如此，即便一个人处于人生低谷，仍然可以再度风生水起。

本书还告诉我们，身处多元化的时代，不要局限自己的视野，要做到学习无边界，学会跨界生存，只有这样，才能更好地适应社会、活出精彩；在当今注重"品牌"的时代，我们要努力打造属于自己的个人"品牌"，为自己赢得更好的发展环境；无论何时，要永不言败，即便我们的人生起点并不高，即便出身卑微，也要努力让自己的人生丰满；在做人做事中，要学会"说话""说好话"，事实一再证明，口才在很大程度上彰显了一个人的才华，"会说话"不仅增添你在人际交往中的魅力，还有助于让你事半功倍。

我们要懂得，生活本身就是鲜活的教材，所以我们要从生活中汲取能量，以使自己更快、更好地成长；我们还要懂得，今天的生活将是明天的历史，时间处于一个单向坐标轴中，只要坚持，一切的不好都会过去。养好此心，用阳光的心态迎接每一天。

生命中，要敢于折腾，但不乱折腾，要树立自己的人生目标，为一个崇高的目标而前进。人在年轻时，可谓处于一生中的黄金时代，要勇于进取，在你最好的人生季节里，为开创你的美好未来而放手一搏。正如一位哲人所说：你不折腾，要青春何用？年轻人，请用你青春的热血，奠定你人生的根基！

在生命的旅途中，不要忘记修身与养性，更不要忘记合作与分享，这是因为，人的社会属性已经决定，你的努力，从来都不仅仅是你一个人的事情。不要自暴自弃，也不要怨天尤人，此生，需要你做的，一件都不会少，只是时间上的安排不同罢了。这辈子，能陪你走过一个完整的人生旅程的，唯有你的心，所以，让你的心充满阳光，你将由内而外地光彩照人。相信，你若盛开，蝴蝶自来。

祝愿每一位读者朋友从本书中获得激励，获得温暖，获得方法，从而活得轻盈，活得精彩，活得快乐。

目　录

第一章
你对生活好一点，生活才能对你好一点

生活里，你要摆平很多事情，其中最重要的是先摆平自己的心态。给自己一颗清净的心，让自己全力以赴。其实，一切都来得及，不投机，不取巧，不贪婪，善待自己，善待生活，一切都会好起来。

CONTENTS

第二章
你的努力，终将成就闪闪发光的你

生活不会凭空给你什么，靠山山会倒，靠人人会跑。人终究是要靠自己的，珍惜你手里的牌，努力地经营自己，打造属于自己的个人品牌，你终究会成就闪闪发光的自己。

C O N T E N T S

第三章
和最好的自己温暖相拥

爱自己，才是一场终生的爱恋。好好地疼爱自己，保护自己，成就自己，活出最好的自己，和最好的自己温暖相拥。在有限的生命里，把自己活成一个传奇。

C O N T E N T S

第四章
打造属于自己的光和热，自己暖才是真的暖

　　　　在人生的旅途中，认真地爱自己，使自己盛开。同时，爱别人，享受奉献的快乐，找寻属于自己的爱情，给自己最美好的感动和最幸福的生活。

C O N T E N T S

第五章
你值得拥有最美好的一切

你要相信，你是这个世界上最美好和独特的存在，你的存在会带给世界无穷的力量。你就是光，温暖自己，照亮别人，你值得拥有最为美好的一切。

C O N T E N T S

第六章
战胜自我，你会赢得整个人生

你的成绩，你的事业，你的爱情，终究是你的努力而吸引来的，所以，从自己的全世界路过，让自己的心灵恬淡，让现世安稳。

第一章

你对生活好一点，
生活才能对你好一点

生活里，你要摆平很多事情，其中最重要的是先摆平自己的心态。给自己一颗清净的心，让自己全力以赴。其实，一切都来得及，不投机，不取巧，不贪婪，善待自己，善待生活，一切都会好起来。

最近的距离，往往是最远的距离

其实，任何投机取巧到头来总会让我们距离成功越来越远，想成功还是要能够双脚着地，情愿挥汗如雨，这样的成功才会来得最为真实。

在人生之中，面对同样的一件事情，我们会有很多的选择项，我们总是喜欢选择貌似离目标"最近"的那个选择项，因为它看起来好像更容易成功。然而朝着这个方向走着走着，你会发现，结果往往不是原来想象的样子，自己所走的越来越像是一条南辕北辙的路。

这个时候，如果你仍然只是闷着头继续赶路的话，那么可能会离目标越来越远。唯有让自己慢慢地沉静下来，好好想一想，重新选择一条看似艰辛又遥远的路，或许才是通向人生目标的真正捷径。

记得我当初刚进入公司工作的时候，沉不下心来认真学习和思考，也忽略了提升自己的业务能力，却把所有的精力放在了和同事"搞好关系"，以及多迎合领导方面了，原本以为只要和领导"关系好"，搞好和同事的关系，一切就都不是问题。

但是，现实却给了我狠狠的一击。领导几乎隔几天就要批评我一次，而同事对我更没有尊重可言，只是把我当成一个谁都不敢得罪的"老好人"。

其实，即便你是一个这样的老好人，什么人都不去得罪，可是在别人眼里却是什么价值都没有，那是因为你没有拿得出手的东西，没有过硬的专业素质。

在度过了一年这样的日子后，我开始转变思想，埋头做事，尽自己的最大努力，力求做好每件事情，无论属于自己分内的事，还是分外的事，我都会竭尽全力地去做。最后，我的努力，得到了领导和同事的认可，也得到了他们的尊敬，还得到了相应的奖励。

我还有一个朋友，她年轻貌美，气质出众，很有魅力。她一开始总是想找一个有型、有金的"富二代"将自己嫁了，好让自己一辈子吃喝不愁。

然而，有钱又有型的男子，自身条件好，对于女伴的选择机会也就随之增多；再者，他们对于感情往往并不那么认真。的确，一个没有能力，又总想着把人生期望全盘寄托在别人身上的女人，多半难以获得这些"有钱又有型"的男人的尊重，即便有时搭上了这些看似"高大上"的男子，最后也常以分手终结。

这位朋友在情感之路上转了一圈下来后，发现自己身边的朋友大多已经成家立业，而且有了或大或小的事业，可自己却依旧孑然一身。尽管她以前交往的一些"有钱又有型"的"蓝颜知己"也给过她不少钱，可是这些轻易得来的钱，也很快让她挥霍一空。

后来，她有次生病住院，那些所谓的"蓝颜知己"没有一个人肯伸出援助之手，唯有她一个人在默默地承受着病痛的折磨和深夜的孤寂。在那一刻，她明白了，每个人的人生任务都要靠自己完成，只有自己才是自己最后的依靠。

病好后，她辞掉了原来一个月两千多元薪水的行政工作，一心只想赚钱的她，进入房地产行业做销售，开始了售楼业务员的生活。业务员的生活很辛苦，经常需要不停地给客户介绍，有时候一天下来，她的嗓子已经哑得说不出话来。为了快速补充自己的销售技巧，卖出更多的楼房，她每天晚上都挑灯夜读，学习一切与销售有关的业务知识，包括怎样和客户沟通，甚至还学习了风水学，以便帮助不同需求的客户买到其合适的房子。

由于她的专注、认真和努力，她几乎每个月都会成为公司的销售冠军，她的年收入也达到了几十万。就这样，仅用一年的时间，她就当上了销售总监。此时的她，自信而且充实，在择偶的问题上，也变得更加理性、从容而自信。因为她已明白：你若盛开，蝴蝶自来。做好自己，一生之中真正爱你的、也值得你爱的人，一定会到来。

所以，人生之中不要找捷径，不要走那条看似最近的路，认真选择一条适合自己的道路，即使看起来有点远，然而脚踏踏实地，埋头奋进，努力去做最好的自己，这才是离你梦想最近的路。

真正的自由都属于自律者

自律是对自己的尊重，更是对自己的保护，率性而为很多时候是危险的。要知道，管好自己，你才会走得更好。

自律是一种优良的品德，也是一种高贵的精神。自律的人总能达到自己想要的人生境界，登上自己期待的人生高度，看到人生中靓丽的风景，成就心目中的自己。相对而言，不自律的人，总是浑浑噩噩地生活在他人的眼光里，忘记了自己的人生使命，让别人随意左右自己的人生，包括自己宝贵的时间。他们的生命看似人来人往、热闹非凡，但当浮华褪去、人散离场时，却剩下一个无所成就的自己。

看过港剧的人通常会记得一句经典的台词："做人嘛，最重要的就是开心！"然而，但凡有些思想深度的人都会知道，这句话看似短浅，在理解方面却非易事，若不注意，就可能会导致一种错误的人生观。

在现实中，每个人难免有些贪念，很多时候，我们想要做的事情，或者说是能让我们"开心"的事情，往往是在欲望、情绪和感情驱使下的一种短视决定。

假如我们每个人都任由自己的欲望行事，为了让自己"开心"而想干什么就干什么，毫无自律和理智可言，那么这个人终究会毁在自己的手上，其人生目标的实现也将无从谈及。

相反，那些活得好好的、在人生旅途中呈上升趋势的人，无一不是努力克制自己的欲望，用坚韧的自律不停地纠正和调整自己的人生方向，痛苦地放弃不该有的贪念和不属于自己的情感，专心致志地走自己的路，最后才登上人生巅峰，收获精神自由。

曾经听一个老前辈讲过这样的故事：甲先生和乙先生都在一个规模较大、人数较多的单位里工作。甲先生是一个为人处世很灵活的人，也是一个受欢迎的人，而且懂得如何讨好领导，以及如何利用自己的权力为自己谋划前程。后来，甲先生一度成为业界新星、众人膜拜的偶像。

乙先生则是另一个极端，在工作与生活中，无论什么人来找他办事，他都是按照规则办事，一丝不苟。乙先生从不乱交友，也从不被各种光环所吸引，只是每日规规矩矩地做好自己的事情。

很多人觉得乙先生不近人情，难以理解，甚至对他不屑一顾、嗤之以鼻。然而，即便遭受排挤，他依旧如此，不忘初心，不改初衷。

到了退休的年龄后，甲先生成了人人喊打的阶下囚，乙先生则退休在家，看孙子，逗鸟遛狗，颐养天年。

回想过去，甲先生虽然一度风光无比，令人艳羡，然而，由于过分"灵活"而丧失了原则性，使他最终未能控制自己的欲望，以致沦为失败者。而乙先生呢？即便周围的人不能理解他的古板，但是，他仍活在自律里，活在这个世界的规则里，并在这个规则的藩篱中获得了心灵的自由，也使其成为人生最后的赢家。

生活中，有多少人沉迷于表象和浮华，企图通过投机取巧就轻而易举地登上人生的巅峰，因而放松了自律，也未能潜心地经营自己。在生命中，不要沉迷于表象的热闹，也不要在这种看似热闹的环境中虚度此生，而要注重做实事。

与那些沉迷浮华的人相反，有些人则在认真地经营着自己，用他们执着的自律精神，去不断地完成属于自己的任务。于是，我们便可以看到，在有些人百无聊赖，或者在觥筹交错之中聊以慰藉的时候，那些自律的人正在磨炼自己的技能，并让这些技能变得娴熟，为自己的人生辛勤地耕耘。

我还记得有一次跟几个朋友去一起吃饭。其中，丙先生刚开始的时候说自己下午有事，不能喝酒；然而，架不住别人多劝了他几句，他就放下原则，喝起酒来。这一喝便一发不可收拾，最后喝得醉醺醺的，连路都走不成，他所说的"下午有事"也更是做不了。我后来对他说："你这个人怎么连一点原则都没有！"他听后，感觉很是惭愧。的确，由于缺乏自律，他的生活过得乱七八糟，令他自己也很懊恼。

可见，没有原则和不能自律的人，是谈不上心灵自由的。因为缺乏自律的人总是活在别人的世界里，听了别人的几句话就会改变自己的初衷，结果影响了自己的时间安排，难以做自己时间的主人，最后也就谈不上开心和快乐。

因此，从现在开始，让我们从行动和心灵上练习自律，相信在未来的某一天，你会感谢现在坚持自律的自己。

所有的梦想，都要靠自己实现

不要总想着依赖，不要总想着依附，所有的梦想都要靠自己去实现。否则，上帝就算是想帮你，也找不到你的手。

在很小的时候，我就喜欢读书，羡慕那些出书的作者。我那时最大的梦想就是找一个能够给我优越的生活条件，能够无条件地支持我的梦想，帮我出书的男人。

记得，当初和男友刚开始谈恋爱的时候，他问："亲爱的，你的梦想是什么呢？"我告诉他，我的梦想是成为一个作家，能够出版属于自己的书，甚至将自己写下的东西拍成电视剧。当时，他说了一句让我很感动的话："你的梦想就是我的梦想，我一定会帮你实现！"

我也是因为男朋友的这句话，对他的好感倍增，慢慢地与他一起走进了婚姻殿堂。

在结婚后的日子里，我每日的生活内容就是做饭、照顾家庭，然后上班工作，但总的来说，我的生活重心还是在家里。那时，我曾经想要出书的梦想仿佛已经远去，即便想起来，也只是自我安慰："别着急，老公说过，会帮自己出书，现在的我只要做好家庭主妇就行了！"

然而，一晃几年过去了，我们结婚后的家庭条件并没多大改观，先生也从未再提起过帮我出书的事情。其实，我也理解，因为他在事业上也常出现这样那样的问题，实在没有余力再顾及我的梦想，更别说帮我实现昔日的梦想。

然而，我并没有怀疑他当初承诺时的诚意，我也懂得，眼前的现实，在他看来，帮我成就梦想的条件还不"成熟"，从而使他绝口不提那件事情。

我开始慢慢地思考这件事的对错，并发现很大部分的错都在自己的身上。是的，自己的梦想就要依靠自己的努力去实现，如果一味地依靠别人，假如别人因自己的事情而抽不开身，哪会有余力来帮助你呢？

当我发现这个问题的时候，再回头看下身边的小伙伴们，发现那些早已领悟到这个道理的，已经绽放出了属于自己的光芒。

比如，小莲默默努力，通过一整年勤奋读书，终于顺利通过了司法考试，拿到了律师资格证；闺蜜小暖更是没日没夜地学习一级建造师，用一年的时间就将一级建造师考了下来；茶茶考上了在职研究生，跑到上海念研究生去了。环顾四周，徒留我依旧站在原地，终日为那几斗米而折腰。

身边有人说，是她们的智商"太高"，根本不需要看书和努力就能轻松地考上。我承认她们的智商不低，但如果没有她们没日没夜地埋头苦读，仅凭智商来说事儿，我想也是无法做到的。

在我的朋友中，最让我佩服的是小暖，她不仅要看孩子，还要上班，却依旧挤出时间来看书。当时，我们没有人想到她能一举拿下一级建造师证。记得在她学习的那段时间里，她平时连衣服都很少换，更不参加朋友之间的日常闲来小聚，也从不加微信群，不玩朋友圈，她把自己的时间都投入在了学习上。苍天不负有心人，她最后终于收获了自己的成功。

我知道，这些小伙伴们没有像我一样，总是给自己找借口，将自己梦想的实现寄托在他人身上。实际上，这些小伙伴们通过自己的努力，真的实现了自己的梦想。

于是，我痛定思痛，开始振作，并重新拾起自己的梦想，向着自己的梦想出发。

接下来，我开始利用业余时间，在孩子睡觉和周末的时候，坚持练习写网络小说。

这些小说在网上连载了几篇后，并未引起人们太多的注意，也就是说还没有很"火"。然而，我并不气馁，毕竟写作是我自己喜欢做的事情，所以我一直默默地坚持着。

渐渐地，我从刚开始的一天两千字都很难写出来，发展到一天四千字、六千字、八千字，现在基本上每天能写一万字。

就这样默默地坚持写了三年后，我的一部青春短篇小说被一家媒体的编辑看上，并且签约出版。在签下合同的一刹那间，我开心得流下了眼泪。我知道，自己这是喜极而泣。

对于很多知名作者来说，或许签约出版是件很平常的事情，可对于在写作之路上历经坎坷的我来说，则是对我所选择的道路以及努力的莫大肯定。这次签约出版进一步坚定了我沿着梦想之路继续走下去的决心，更让我明白了一个深刻的道理，那就是要沉下心来，脚踏实地，当你足够努力的时候，也就是你足够幸运的时候，当你的努力和幸运达到一定程度的时候，你的梦想也就实现了。

所以，在实现梦想的征途上，不要回避，你要知道，为实现自己的梦想，你责无旁贷。

悲伤的时候唱首歌

你要相信，所有的悲伤终究会被忘怀，所有的失望终究会消散，所有的不开心也终究会成为过往云烟。

每个人在生命中都会有低潮期，任何人在被人伤害时，都难免会有悲伤。在这个时候，我们是要逢人就说自己的遭遇，以寻求安慰，还是应该静静地独自疗伤呢？我建议选择后者。

事实上，在你将自己的悲惨遭遇告诉别人时，很多时候，别人无法感受和分担你的悲伤与痛苦，甚至还会有人借此制造八卦话题，将某种娱乐建立在你的悲伤之上。

因此，当你悲伤时，最好的办法是沉下心来，独自承受这段难堪的岁月，让它在你的心底逐渐消融，让悲伤成为一首优美的歌曲。

著名作家亦舒曾经说过一句话：越是运气不好时，越要沉住气默默振作，静静熬过。

因为，在很多时候，我们所处的低潮期，往往是上天给我们放了一段时间的假期，让我们经历心灵的淬炼，得以更好地思考，升华对自己和世界的看法。

其实，很多人在生命中的转变就源于这种低潮期。比如，晚清重臣曾国藩，早年在仕途之路上并非一帆风顺。咸丰元年（1851 年），当时出任吏部侍郎、40 岁的曾国藩给咸丰皇帝上书《敬陈圣德三端预防流弊疏》，在上书中谏讽咸丰皇帝处理政事流于琐碎、文饰与骄矜之风，皇帝气得把奏章甩到地上，盛怒之下险些将曾国藩杀头。

咸丰二年（1852 年），曾国藩的母亲去世，曾国藩便回到家中为母亲守丧。此时正值太平天国起义的第二年，太平军横扫湘鄂，清廷形势严峻，便颁布了要曾国藩帮办湖南团练的谕旨。于是，在咸丰三年（1853 年），曾国藩在其家乡依靠师徒、亲戚、好友等关系，建立了一支地方团练武装，称为湘军。湘军成立初期，在与太平军的几次作战中接连失利，曾国藩本人也一度想要跳河自尽。然而，当曾国藩打了几个胜仗后，紧接着是朝廷担心他"拥兵自立"，对他不信任，就连昔日同僚也都排挤他。

然而，曾国藩并未在内外不利的环境中沉沦，而是在"屡战屡败，屡败屡战"中一步步壮大，最终打败了太平天国，位列晚清中兴五大臣之首，并得以善终。

可以说，在曾国藩一生的经历中，受挫过，甚至一度走投无路过，但在每次挫败之后，他都没有沉沦，而是不断地激励自己，让自己恢复进取的勇气、信心和智慧。

因此，当你时运不济、悲伤难过的时候，请你静下心来，用充实自己的方法来自我减压。同时，不要把目光聚焦于悲伤，无论身处何地，都要将悲伤与困难化成一首优美的歌曲，激励自己，为自己加油，为人生鼓劲！

一切都会过去，一切都只是让你成长

有时候，上天让我们遇到一些困难，经受一些磨难，其实那是上天用另一种方式馈赠给我们的礼物，激励我们去成长。

一个人的处境如果一直很顺利，那么他身上的傲气就会越来越重。当一个人身上的傲气过重，却不自知时，他在处理人际关系的问题上就会出现很多障碍。

我就看到过一些很要好的朋友，由于她们身上的傲气太重，所以，在爱情、亲情、友情以及事业方面会遭遇更多坎坷。但是，她们无一例外地在经历了最初的痛苦、折磨以及不被人理解后，慢慢地在性情上变得圆融，性格上变得柔和，语言上也变得温暖起来。最后，她们学会了妥协的智慧，学会了变通，学会了让步，学会了双赢。

于是，她们在面对一份突如其来的、看起来很美味的馅饼时，会从容地保持一份冷静和理智，并在经过各方面的权衡利弊后，选择取舍，从而躲过了很多人生陷阱，这就是所谓"吃一堑，长一智"。

我的一位朋友茉莉在青春期的爱情发展得很不顺利，她仿佛有着专门吸引"渣男"的特质，比如，她每次遇到的男人，总是在和她谈恋爱的同时，还和其他女孩保持着一定的暧昧关系。这让茉莉的青春期几乎是在痛苦中度过的，特别是她的最后一任男友，与她在感情上的一番周旋，几乎耗费了她的整个青春。

然而在她参加工作，经历了一些事情后，对世事有了较深刻的认知，她在心里也默默地"感谢"着自己的最后一任男友。正是这位男友对她青春的肆意耗费，让她懂得了如何识别真爱，并让她在此后躲过了很多看似"美好"的情感陷阱，让她最终获得了一份平凡但幸福的感情。

原来，每一个挫折都不是凭空而来的，每一个坑也都不是毫无理由地出现的，每一个哭泣的夜晚也都不是白白让你难过的，她的背后都潜藏着一份礼物，那就是让你成长、成熟的礼物。

还记得在我刚刚毕业的时候，由于太过自我，一切都以自我为中心，过于看重表面形式，对于领导的批评也总是听不进去。最后，在一次和领导吵架后，差一点被开除。由于我和领导的关系搞得很僵，身边同事自然对我唯恐避之而不及。我的工作陷入彷徨期。

在那一段黑暗的日子里，我开始看国学方面的书，从传统文化中寻求如何让自己心理平静，如何以正确的方式对待别人的方法，并由此爱上了国学而一发不可收拾。

当我看了《女诫》《女论语》等书籍之后，我明白了作为一个女子对于家庭的重要性，更明白了，一个女人应该如何修养自己的身心，从而成为一个好母亲、好太太，并成就一个好家庭。

接着，我又开始看古代关于家庭教育方面的书，而且很幸运地看了很多个版本的《曾国藩家书》《曾国藩传》《颜氏家训》《家世》等书籍。通过对这些书籍的学习，不仅让自己的心性得到了滋养，还汲取到了能够让自己圆融地处理家庭和事业等各方面事情的智慧。这让我无论是在家庭还是在单位，都获得了较大的肯定。

此外，由于在家庭教育方面进行了足够的充电，也使得我在这个领域具有了一定"发言权"。后来，我获悉一家出版社发出一份关于家训方面征文的通知，于是，我兴奋地报了名，后来，我填报的选题还通过了审核。这意味着，我已经具备写一本关于家训方面书籍的基本条件。当时，我的兴奋和快乐之情是难以言表的，我险些被单位开除的沮丧心情也一扫而光。回头想想，无论何时，宠辱不惊，默默地努力，一定会有足够的回报。

最后，当你在生活中遭遇到一个看似跳不过去的坑的时候，要好好地反思自己为什么会遇到这样的挫折，尤其要从自身找出挫折形成的原因，然后审视自己，充实自己，改变自己。这样的话，一切的磨难和挫折都将促使你更好地成长。

你必须放弃些什么，才能得到些什么

人生总是要面对很多的选择和取舍，然而人有悲欢离合，月有阴晴圆缺，我们一定要知道自己想要什么，不想要什么，该要什么，不该要什么，然后主动放弃一些什么，再得到些什么。

人总是很贪心，仿佛看到好的东西都想要，比如说，找老公，既要"高富帅"，又要他有时间陪，最好又会做饭、打扫卫生，还能天天陪你购物……

有的人，梦想得到世界上最美好的一切，想着最好能天天开豪车，住别墅，却又舍不得放下享乐的时间去努力，舍不得自己去吃苦受累，舍不得自己受一丁点的委屈。

还有的人，想要一份美满幸福的婚姻，于是看着这山、又望着那山高，结果在犹犹豫豫、摇摆不定中浪费了时间，最后一个也没得到，还赔上了时间、金钱和名誉。

我们应该明白，对于世间的很多事情就像鱼与熊掌那样不可兼得，我们不可能得到所有的好处，因此必须懂得放弃些什么，才能得到些什么，并最终得到那个你最想要的结果。

比如，你想要赢得业务上的成功，就必须牺牲玩乐的时间，主动去寻找客户，主动去学习业务技能。

如果你想获得一份美好的爱情，你就必须舍弃那些身边的诱惑和暧昧，努力去经营好一份真挚的爱情。

如果你想将自己的业余爱好做到发光、闪耀，那么你就更要主动地放弃休闲的时间，好好地钻研自己的爱好，主动进取和努力，从而最终实现理想。

如果你想要得到苗条的身材，你就要主动去节食、健身，放弃那些大鱼大肉，放弃那些自己喜爱的零食。

一般来说，越成功的人就越知道自己想要什么，他们更知道舍与取之间的奥妙，懂得主动放弃些什么，得到些什么。

那些没有人生目标，又生活负能量爆棚的人，往往什么都想要，这只手抓着欲望，那只手抓着贪婪，最后却一无所获。

老四（周围的人都这么叫他），明确地知道自己的目标和任务，从不轻易将自己的时间交给他人，因为他觉得要成为自己梦想中的人的时间还不够用，哪里还有时间给别人？

他掌控着一家较大的公司，是当地知名的老板。

他的作息很有规律，每天早上六点起床后就一直忙到晚上十一点，从不去参加任何无意义的聚会和酒局。

除了周末打球放松，他没有任何不良嗜好，将自己的时间全都放在了经营事业上。

他曾经说，他的事业不仅仅关乎着自己的前途和"钱途"，更关系着众多员工的前途，所以他不敢懈怠。他主动放弃那些对工作没有什么帮助的应酬，保持自身的清醒，以便给自己和员工们一个持久、美好的未来。

而珊丽，原本只是一个普普通通的工厂职工，在她坐到办公室主任位置上的时候，她发现自己如果再待在这样的一家工厂里，肯定就局限在这个城市里了。于是她不顾所有人的反对，毅然辞职。为了这件事，她遭到家里所有人的横眉冷对，她的丈夫甚至为此差点跟她离婚。他们不明白，她为什么在这样一个安稳的、薪资不错的职位上辞职，他们不明白她到底想要什么。

只有她自己知道，她的一生不可能仅限于这个城市，她要看看这个世界，她要找一份能够带给她巨大满足感和宽阔视野的工作。

后来，她找到了。她来到了一家大公司，要在这家公司从底层销售人员做起。这更遭到了她的家人的反对。

为此，她和家人闹翻了天。的确，她真的不想再当井底之蛙了。她顶着巨大的压力上岗，凭着自己丰富的知识和良好的口才，在当月就拿到了销售冠军。这让整个公司的人都感到震惊。

她的努力有目共睹。每天，她都是第一个来单位，最后一个离开，就算是回到家里，她也是经常学习相关业务知识到深夜。渐渐地，她在这个岗位上将自己的才华发挥得淋漓尽致。

再后来，月销售冠军、年销售冠军已经让她拿到手软，而她也开始到各地的分公司去做培训、传授经验。

经过这样的历练，她在举手投足间，已经俨然形成企业领导者的气场。此时，她的公婆和先生都理解了她，她的先生甚至主动每天接送她上下班，成了她的专职司机。如果不是她主动放弃当初那份半死不活的工作，不是她主动去争取自己梦想中的人生，她也就不会有现在的成就。

人生的勇者，他们会主动放弃阻碍其人生发展的诱惑，毅然地搬开绊脚石，一路披荆斩棘，努力奋斗，活出精彩。与此相反，另一些人却是双手紧紧地抓住老天故意丢给他们的"馅饼"，深陷在自己给自己挖的坑里，而不能自拔。

"老狼"本来是一个很优秀的男人，却将所有的精力都放在了和女孩子搭讪上面，忽略了自己的学业和事业。他长得帅气，出手豪爽，为人幽默，引得很多女孩喜欢；他每天的全部精力，也都放在了哄女孩子开心上面。结果，时间流逝，"老狼"虚度了不少光阴，且学无所长，生活日益陷入拮据之中，他的生活状况也越来越糟糕。

可见，如果一个人不懂得取舍，结果必然陷于纠结和痛苦当中，以致看不清自己，也看不清这个世界的规则，成为充满欲望和贪婪的赌徒，成为叫不回来的迷路的孩子。所以，人真的不能太贪心，否则，生活会给你严重的警告，甚至惩罚。

有了梦想，世界终有一天会被你踩在脚下

想要征服世界，一旦踏上征途，就离胜利不远了。坚持下去，终有一天，你想要征服的世界，就在你的脚下。

我们对未来都有最为美好的期待。当朋友们问到我的购房计划时，我大声地说："我要买一个大大的别墅！"说完后，朋友们都仿佛看怪物一样地看着我。而我却得意扬扬地看着他们，仿佛我当时已经拥有了这样的一栋别墅。

对于未来的向往，小美说她要嫁到国外，嫁个"高富帅"，成为上流人士；阿枫则说，未来要以梦为马，随处可栖；阿成则说要学习无边界，要学习一切有用的知识；小红则说要留在国内，开拓她那"千古霸业"。

在接下来的日子里，我按部就班地学习；小美则死磕英文，为嫁"高富帅"做准备；阿枫则经常逃课，在外面租了间店面做起小生意，后来，阿枫将生意交给店员，自己则腾出时间到处旅游，成了真正的背包客；阿成凭借其不错的颜值和卓著的才华到多个公司实习，获得了足够的阅历；小红则每日为考研做准备，准备考上研究生后，留在北京。

这里面的所有人都对未来有着极为乐观的憧憬，都在为未来拼尽全

力。只有我，不明确自己到底是考研、工作，还是出国。我一直在犹豫，正是在这样的犹豫中，让我落在了他们的身后。

几年后，英文达到专业八级的小美，在上海找到了一份极好的工作，在那里邂逅了她的来自美国的白马王子，并如愿以偿地嫁到了国外。于是，小美当初那个看似特别不靠谱的梦想，凭着她的努力终于实现了。

阿枫依旧过着以梦为马，随处可栖的生活，这几年来，他已经将祖国的大好河山走了个遍，他在用双脚丈量着自己的未来。在他的微信朋友圈里，记载着他的种种游记。这期间，他去过云贵高原，特别能忽悠女孩子的他还差点被留在苗寨做女婿。他总是一个人穿行在那并不知名的旅游景点，虽然有时候要睡在火车站，有时候要面临着遇到劫匪的危险，可是，他依旧义无反顾。

阿成辗转各个行业，学习、承接、连接一系列业务，最后也拥有了自己的事业。小红则如愿地留在了梦想的城市，并在那里扎根、结婚、生子，幸福得不亦乐乎。

他们都靠着自己的毅力和坚持，靠着想要放弃时的再度咬紧牙关，终于征服了自己的世界，将梦想踩在了自己的脚下。

而我虽然没有大别墅，却也有了自己的安居之所。虽然没有保镖，但身边有一个想一辈子给我当保镖的男人，而我也一步一步地向我的文字梦、出版梦、影视梦靠近。终有一天，我们会一起唱着五月天的《倔强》，一起歌唱我们的坚持，一起歌唱我们的不妥协和不退缩，世界终有一天会被我们踩在脚下。

留住那些会陪伴我们一生的东西

总有一些东西是岁月带不走的，即使全世界都离开了你，它们也依旧会陪伴着你。

在小的时候，我们都渴望长大，因为当时觉得长大后，我们就可以掌控自己的命运。然而，随着年龄的渐增，我们发现，命运仿佛是一只看不见的手推着我们往前走，我们经常不能真正掌控自己的命运。

但是，无论我们处于顺势还是逆势，总有一些东西会伴随着我们，陪我们度过一段段峥嵘岁月，让我们无论面对什么样的处境，都能做到气定神闲。

前几天，我看了一篇文章，是关于鲁迅的第一任妻子朱安女士的。她的一生真的是凄苦无比。她从小受的是传统的儒家教育，进了鲁迅的家门后就一直孝敬老人，尽己所能地打理这个家。然而，由于她同鲁迅是基于旧式婚姻才结为夫妻，所以鲁迅与她长期分居，他们之间仅有夫妻之名，而无夫妻之实。朱安女士不擅操持生计，在鲁迅死后，她的生活逐渐陷入困境，即便是清汤、腌菜都无法保证，甚至一度到了变卖鲁迅藏书的地步。

当时，有人写信劝她变卖鲁迅的藏书，对此，朱安女士在回信里拒绝说："我侍候婆婆三十八年，送老归山，我今年也已经六十六岁了，生平但求布衣暖菜饭饱，一点不敢有其他的奢望，就是到了日暮途穷的现在，我也仍旧知道名誉和信用是很宝贵的。无奈一天一天地生活压迫，比信用名誉更要严重，迫不得已，才急其所急，卖书还债，维持生命。倘有一筹可展，自然是求之不得，又何苦出这种下策呢！"

后来，朱安女士生活困难的消息传到社会上，各界进步人士纷纷捐资，但朱安女士始终一分钱也没有拿。她宁愿受苦，也不肯轻易接受别人的馈赠。这反映出，她是个有原则的人，是一个有骨气的女人。正是由于朱安的悉心照料，鲁迅先生在北京的故居和遗物才得以完整保存。

朱安女士很大程度上担当着中国传统妇女的角色，包括恪守"三从四德"的"为妇之道"，她同时拥有中国传统女性的美德，她温厚、善良，孝敬老人，她甚至不嫉妒鲁迅的第二任妻子许广平，还将许广平母子当成一家人。后来，朱安女士在北京孤独地去世了，临终前身边没有一个人相伴。

或许朱安女士在营造个体的独立价值方面略显不足，但是她身上的诸多传统女性美德却陪伴她走过了一生，即使在她去世后，她的一些事迹仍会被人铭记。其实，作为一个女人，朱安女士的悲剧是源于她所处的那个特定的时代。

随着时代的发展，女人的自我解放程度越来越高，这就需要女人逐渐培养出自己的独立价值，用心经营好自己的生活和命运。那么，一个人怎样才能算是有独立价值的人呢？当你依附于别人时你能活得很好，当你离开别人的时候，或者无论世事如何变迁，你依然能够活得很好，甚至更好，这样才称得上具有独立价值。比如，徐志摩的第一任妻子张幼仪女士，在与徐志摩离婚后，先后担任大学讲师、银行副总裁、服装公司总经理等职，日子过得风生水起，甚至在徐志摩逝世后，她还能够在一定程度上照顾徐志摩的遗孀陆小曼的生活。可见，张幼仪女士便是具有独立价值的一个代表人物。

诚然，世事在变迁，时代在发展，我们的价值，也要能经受得住时间的考验，这就需要让我们自身的技能和价值与时俱进，以顺应时代的潮流。否则，你的价值将随着时移境迁而失效。比如，当你工作的某个平台一旦陷入窘境，或者你不得不离开某个平台时，你还能仍然活得很好吗？这就离不开我们在顺风顺水时，努力打造专属于自己的独家技能。这样的话，即便面临变故，我们仍然可以活得很好。

其实在这个世界上活得很好的人，大多有自己的一技之长，即使没有什么特长，他们也都有安身立命的本领。

我经常会思考，如果我从所在的单位脱离出来，还有什么可以依仗的资源吗？我还能够让自己活得体面而有尊严吗？我自身有哪些可以伴随自己一生的能力，让自己可以不受饥寒之苦？

这样的反问总是让我清醒，总是激励我在工作之余好好修炼自己的业务技能。因为或许在下一个十年，我可能会从这些技能中得到丰厚的回报。

朋友阿离原本只是一个普通的职员，却因为摄影技术好，现在正在为某知名报社提供影像资料，而且报酬丰厚。小六，看起来貌不惊人的一个大男孩儿，和几个朋友成立了一个工作室，专门用技术赚钱，收入颇丰。阿黑，一个在职研究生，正在依靠自己的技术和智慧做网站获得不菲的收入。

让我们都培养和打造专属于自己的技能，以对抗这个快速变化的世界吧！当你觉得所有的人都离开你的那一天，你会发现，这些技能依旧在你身边，你仍然可以东山再起，仍然可以笑看风云。

永远拥有美好的心态

有的时候，生活给了你一定的境遇，或许一开始并不好。但是，只要你有着良好的心态，有着美好的憧憬，即使陷入低谷也可以最终将日子过得风生水起。

朋友阿茵是一个可爱的小女生，她选择了一个人人都不看好的男人做老公，所有的人都不理解她，都怕她跟着他过苦日子，她却固执地选择了他。

她的老公阿过没有房子，她跟着他租住在一个大杂院的小平房里面，大杂院里居住着各色人等，显得比较混乱。我们都很为她担心。

一次，我和朋友去看她。在推开她住的那一间屋子时，我们的眼前突然一亮。这不过是一个简简单单的小屋子，却被她收拾得井井有条，趣意盎然。里面所有的摆设都是原来的屋主留下的，她买了田园风格的装饰品，给那些老家具都套上了新的衣服。她在屋子里点上了最为原始的煤气炉子，外面寒冷异常，屋子里面却温暖如春。

她用我们带来的食材给大家做了一大桌丰盛的菜肴，她乐呵呵地跟我们说，她和她家先生每天都骑自行车上班，比谁骑得都快。她还跟我们说，阿过接了一个大单子，出差找大客户去了，脸上满满的都是自豪。在她的眼里，仿佛这样的生活非常幸福和快乐，没有任何难堪。

　　我们问她怎么跟院子里的这些人交流相处，她开心地说："院子里的叔叔阿姨爷爷奶奶都对我们特别特别地好啊！他们包饺子的时候会想着我们，做排骨的时候也会给我们送一碗来，他们真的对我们太好了！"

　　我们看着笑靥如花的她，忽然之间一点都不担心她了，像她这样的女孩子，什么样的生活能过不好呢？人们都说，爱笑的女孩运气一定不会太差，看她这鲜活的样子，我们想属于她的未来也一定是鲜活美满。

　　她就这样乐呵呵地走着她的人生，有的时候，他们两个人也会因为经济窘迫而吵架，但是，真正相爱的人是不会因为这么简单的理由就分开的。每次，她们两个人吵完后，总有一个人先破涕为笑，然后两个人又重新好好地过起日子来。就这样，阿茵陪着阿过，两个人手牵着手，共同为了生活而奋斗着。

　　她平日里上班，业余时间去音乐学校教孩子弹钢琴。而阿过则将大部分时间用在了工作上，但是，他从来都舍不得冷落她。就算是在外面出差的日子里，他也会拿手机跟阿茵视频，在他的心里，无论怎样，有她的日子就是幸福的。

　　转眼七八年过去了，他们两个人拥有了属于自己的两套精装的房子，还有一辆漂亮的车子。最近，我们去了阿茵的新家，她已经住进一栋复式的小楼。

　　当我们走进这栋小楼的时候，外面依旧寒冷异常，屋子里面却无比温暖和温馨。她的新家装饰用的色调全都是粉色系，待我们一进去时，每个人都觉得从里到外地温暖了起来。

　　那天，她依旧满面笑容，一副长不大的孩子般的样子。

　　在吃饭的时候，我们都羡慕她有如此好的福气，请教她是怎样从那么辛苦的日子里苦撑过来的。

她的眼睛里面闪烁着晶莹的光芒，她说："其实，无论什么样的苦日子，只要能够挺住，挺住就意味着一切，只要你挺住，那么就没有解决不了的问题！"

那天，我们了解到他们刚结婚的时候，由于经济拮据，竟然还经历过一天只能花两元钱的日子。我们也了解到阿茵在工作之余为了多赚钱，加班去外面上课学习技能，甚至累到晕倒；我们还了解到为了他们的未来，阿过夜以继日地工作，一度暴瘦。

他们的努力都没有白费，他们都得到了他们想要的未来，现在的他们一切尘埃落定，却又萌发了自己创业的想法。

我们笑言他们不能过点儿安生日子，他们却乐观地觉得未来的路就在脚下。只要脚踏实地去走，只要肯付出努力，那么美好的日子肯定就在前面。

所以，心态决定一切，就算你正在遭遇人生的低谷，那么也不要气馁和泄气。只要你一直相信努力的意义，相信自信的力量，永远保持一个好的心态，美好的明天就一定会到来。

找准自己的位置，爆发你的正能量

无论何时，你都需要找准自己的位置，然后爆发出自己的正能量，让正能量抵抗整个严寒的冬天。

刚刚上班的一段时间，领导对我非常重视，甚至把一些很重要的工作交给我去做。那个时候，我做事还不够成熟，无论做什么事情都会多多少少出点纰漏，以致经常挨批。

那段时间里，我特别怀疑自己的能力，特别自卑，也特别想不通，老是自我埋怨怎么如此没用。而且，每天一大堆的琐事，让我几乎没有时间发展自己的爱好，做自己梦想的事情。那时，我经常一个小时一个小时地给大学时期的好友打电话，倾诉我的不满和对于工作的不适应，我跟祥林嫂一样地诉说着自己受到的种种不公待遇。可是，倾诉完之后，我却发现自己的情况根本没有任何好转，心里反而更加郁闷。朋友们在我倾诉时，总会替我鸣不平，然而，她们的安慰更让我觉得委屈，觉得自己不应该受到这样的待遇。

那段时间，我的心情异常苦闷，找不到出路。我不知道应该怎样活着，才能让自己充实自在、积极自信。

在一个冬天的早晨，我来到高中时候的校园。走在操场的路上，心情竟然复杂到心酸。由于刚下过雪的缘故，操场上白雪茫茫的一片，美丽极了，纯净极了。我一个人在操场上一遍一遍地走，并用树枝在雪地上写下自己的名字，可走过一趟，再回到那个地方的时候，字又被新的雪覆盖了，我却一遍又一遍地乐此不疲。

我看着篮球场还和以前一样，只是没有了那些熟悉的身影。于是，我坐在树下和一个刚满一周岁的穿着红棉袄的小女孩玩耍。这个小女孩好像特别喜欢我，总是把手里的东西往我的手里塞；她的爷爷在旁边一个劲地笑。后来，我索性和这个小女孩玩了起来，竟也逗得她"咯咯"地笑。那笑声很美，很好听，像山涧的溪水流淌的声音，天籁一般美好。这时，我竟也忘了烦恼，再抬起头的时候，竟然看到操场上出现了几个打球的身影。

我站在旁边看着他们打球，发现他们每个人都青春洋溢，无论是前锋还是后卫都配合得相当默契。看着寒冷的天空下他们飙汗的青春脸庞，我忽然心里一动，仿佛领悟到了一个道理。或许生活的玄机就在这里吧，尽快明确自己在这个位置上的责任，然后尽量去做好。

上班后，我立即来到领导办公室，认真和领导协商，我只负责文字宣传方面的工作，其他的重要工作我不参与。

领导一开始并不同意，在我强烈的要求下，那两项工作是我不擅长的，就算我都揽过来，这么多的工作我也做不了，不如分给那些有能力，也真正能把事情干好的人。

领导很无奈，但是依旧放手让我去做，当我向领导表达谢意后，又给他写了一封邮件，表达我的感激之情，更是表态一定会把文字工作做好。

分工之后，我们各自负责相应的工作。由于找准了自己的位置，无论是我，还是负责另外工作的同事，都取得了非常好的成绩。

没有了其他事情的干扰，我的工作环境也变得简单和快乐起来。我每天都充满激情地做着自己喜欢的工作，并想方设法地在工作上爆发出正能量。这一切都来源于我找准了自己的位置，并在适合的位置上做出了最大的努力。

有了清净的工作环境，在业余时间，我也有心思和余力，发展自己的兴趣和爱好，我怀着谦卑和快乐的心情做着自己的文字梦，做着关于文字的奋斗。刚开始写的时候，经常写着写着就睡在了电脑旁，第二天醒来，盯着电脑屏幕文档上的一堆乱码发呆。

即使累，即使一开始并没有什么成果，我依旧快乐地前进着。虽然不能一蹴而就，虽然有时候看不到未来，但是，我一直都在努力，一直都不肯妥协，因为我知道，为了成为自己梦想中的样子，我必须不断努力。

无论所处的环境如何，都要先找准自己的位置，爆发出满满的正能量。你要相信，你是怎样的，你周围的一切就是怎样的！

第二章

你的努力，
终将成就闪闪发光的你

生活不会凭空给你什么，靠山山会倒，靠人人会跑，人终究是要靠自己的，珍惜你手里的牌，努力地经营自己，打造属于自己的个人品牌，你终究会成就闪闪发光的自己。

做自己的经纪人，打造属于自己的个人"品牌"

与其埋头苦恼，不如努力经营自己的个人"品牌"，当你自身的价值足够大的时候，那么所有的关注和闪耀，你想躲都躲不掉了。

我经常听罗振宇的《罗辑思维》，在《罗辑思维》里，罗胖经常给大家灌输一种观念，那就是将自己当成一个品牌去经营，你所经历的，你所做的，你所想的，都是为了促使自己更好地成长，都是为了促进你这个"品牌"的壮大。当你把自己经营成为一个品牌的时候，那么无论处于怎样糟糕的就业环境或大环境下，你的处境都不会差，因为你的价值就在那里，所有人都看得见，都用得着，就算所有的东西都在贬值，但是你不会贬值；什么都可能离你而去，而你自身的价值将会陪伴你走过一生。

所以，在我们还算年轻的日子里，要做好自己的经纪人，要懂得经营自己，这种经营不是指外在的，不是指找关系、攀门路、刻意地圆融社会关系，而是指你自身的成长。其实，当你把自己经营得好到一定程度的时候，当你自身的个人品牌响亮到一定程度的时候，社会关系就不用你去竭尽全力地维护，那些东西都会随着你自身价值的提升而来。真正值钱的东西是内在的，就是你所打造的自己。

我大学时期的一个朋友，在有的人埋头读死书，有的人只顾打游戏，有的人谈恋爱的时候，他却拼命地丰富自己的社会实践，在广播站当站长，在学生会当主席，而且在外面还做着兼职。

他每天都很忙，但是却不是瞎忙，无论做什么都是给人一种特别的专注和让人信服的态度。此外，他还搞摄影，写东西，学习衣着搭配，同时对于那些该学的专业知识，他也从来都没有落下。

四年下来，他的气质、穿着、谈吐、学识已经自成一体，无人能及。我亲眼看到，在他去食堂的路上，浑身散发着一种霸气的魅力，是一种内在的涵养和气质的自然外露，学妹们无不投去羡慕和崇拜的目光。

后来，他在还没有毕业的时候，就被一家大型公司录用了，职位和薪水都很好。在找工作难的今天，他能有这么好的机遇，是因为他给自己树立了一个优秀"才子"的品牌。

当他的品牌打出去后，他再做任何的事情也不会是很难的，因为他的品牌就在那里，机会和幸运都会自觉地光顾他。

其实，不用做到顶尖，只要能够让很多人关注你，认识你，认同你，崇拜你，那么，你无论做什么事情都会很轻松，这个时候的你，或许还不明白这就是"品牌效应"，但是你已经可以从中受益。比如一个明星如果出书，他（她）的书的销量会比一个深居简出的老学究高很多，因为他（她）有很多的粉丝，很多人关注，他（她）本身就已经是一个品牌。所以，如果你想强大，就要首先将自己经营成一个品牌，做好自己的经纪人，做好自己的 CEO。

那么，怎样经营自己的品牌呢？首先你要明白，不要计较一时之失，眼光要放长远。

比如，在你还没有成为品牌之前，一切有益于自己这个品牌成长的东西，你都要不计得失地去做，不要计较：是不是给我的钱太少了？是不是不符合我的价值了？在你没有成为品牌之前，这些先放一放，先把事情做好，很好地成长，慢慢地积累，功到自然成。

六六老师编剧的《双面胶》收视特别火，我们肯定以为她的酬劳会非常丰厚吧？其实，很多人并不知道，六六老师根本没有从《双面胶》的剧本里要一分钱。可是，我们都会知道，她的无形的酬劳要比有形的钱财值钱多了，因为《双面胶》让她的品牌树立起来了，从此她自身的价值和"钱途"也一路涨高。所以，在自己还不够强大的时候，一定要记得肯"吃亏"，肯"吃亏"的人其实终究是吃不了亏的。

其次，打造属于自己的品牌，你要有真材实料。如果你没有相应的才华和能力，光有"眼球效应"是不行的，也铸就不了你的品牌。就如同一个商品，广告打得再好，可是产品质量不过关，照样不会有人问津。

很多明星的曝光率再高，宣传得再好，但是真正让她演起戏来，没有相应的演技相匹配，那么观众终究也不会买账。观众还是会喜欢同一部剧里，虽然没有什么宣传，没有什么曝光率，但是演技好的新人。

所以，好好地修炼自己，提高自身的品牌实力很重要。实际上，具备支撑一个品牌的实力，往往是品牌过硬与否的决定性因素。

努力的前提，是要填对选择项

很多成功的人之所以能够成功，不仅仅是因为努力，更重要的是因为方向正确，紧跟时代的步伐，不盲从，不瞎忙。

"越努力，越幸运！"这句话对我来说，并不尽然。为什么呢？因为这句话有一个前提，那就是，你所选择的人生道路是正确的，你选择的平台是宽广的，你所选择的这个工作是有前景的，是值得你努力的。否则，你越努力，则离幸运越远。

所以，努力的前提是你懂得选择，会选择，懂得在众多的选择项中找到那个最优项，那么在这个前提下，你的努力终将成就你。

就比如，白龙马驮着唐三藏去西天取经，回来后，它功德无量，修成正果；而在磨坊里面推磨的驴子，哪怕用同样的时间，它所走的路程甚至不比白龙马少，却始终在原地打转，既看不到外面的世界，也成就不了自己，最终累死在磨坊里。

懂得选择，需要一个人具备精深的智慧，会选择的人通常都会过得很好，因为选择得好，通常会给你的人生带来事半功倍的效果。

林徽因肯定是爱过徐志摩的，她也肯定被金岳霖的深情感动过，然而她依旧选择与自己的人生信念和理想同步的梁思成做自己的人生伴侣。结婚后，有了稳定的家庭支持的林徽因，与梁思成一起用现代科学的方法研究中国古代建筑，成为该领域的开拓者，后来她还在建筑领域获得了巨大的学术成就，为中国古代建筑研究奠定了坚实的基础。

实际上，那些人生的赢家无论选择怎样的道路，都是通过深思熟虑和反复推敲的，而不是让生活推着自己去做选择，他们不会不通过自己的思考，就随意地根据情绪和意念做出一个决定，他们更不会拿自己的人生开玩笑。

相比林徽因，陆小曼则选择了另一条道路，她的前半生可谓光芒四射，后半生却颇有争议。所以，如果选择错了，而且不及时纠错，那么它通常会指向一个不佳的，甚至糟糕的结局。

记得刚开始写网络小说的时候，有编辑与我搭讪，我没有经过思考就跟着她来到了一个小网站。这期间，虽然我付出了很多的努力，但作品却如石沉大海，没有激起任何涟漪。

当时，我也意识到自己的问题，由于没有什么名气，稿子买断接受不了，况且稿费也给得很少。后来，我接了一些低质量的稿件予以买断，结果每天累到半死，银子和前途都渺茫得看不到。就在每个月只是挣几百块钱的时候，我忽然发现自己这条路走错了，那个小网站最后也由于经营不善，转让给了别人。

这就是我在面临一个选择的时候，没有认真思考的原因。同样的时间成本，同样的努力，如果方向选错了，那么假以时日，你和别人走的路就会差一大截。

所以，当我们面临一个选择的时候，一定要好好地权衡利弊，一定要认真思考，然后选出最优化的那个，这不是睚眦必较，而是对自己的时间负责，对自己的人生有高度责任感的一种体现。

那么，我们怎样才能做出正确的选择呢？

首先要多看书，多学习，提高自己的人生智慧。古语有云："书中自有黄金屋，书中自有颜如玉。"好书是前人智慧的结晶，多读书，读好书，读完之后再认真地去思考，提炼出属于自己的智慧，从而提高自己选择和判断的能力。

其次是要有自信心，相信自己能够做出正确的选择。摒弃依赖的心理，用高度自律的精神管理自己的人生，要完全对自己的时间负责，对自己的人生负责，进而做出最适合自己的选择。

最后就是要多交有益的朋友，多交志同道合，并能够给你正能量的朋友。好的朋友有助于你开阔视野并且能够帮助你多角度地思考问题，从而有助于你对人生的选择；而不好的朋友则会让你成为越来越差劲的人。所以，要有选择性地交朋友，那些给你负能量，让你越来越不好的人，要及时远离，因为他们会影响你对人生的看法，甚至对你产生不利的影响，进而拖垮你的人生。

请记住，你把时间和精力支配给怎样的选择项，你就将有怎样的人生和未来。

管理好时间，也就赢得了未来

我们越长大越要明白，在这个世界上，你只有先做好自己的事情，才有可能腾出时间放手做别的事情。所以，无论是时间还是金钱，你都要精打细算，认真思量。你要知道，只有自己强大了，才能有更多的心力去帮助和照顾别人。

晚上，当你一个人很想在家里好好地看本书时，几个朋友却约你去喝酒，于是你就动摇了。"如果不去，他们会不会认为我太清高、不合群，时间长了就都不和我玩了？"这种想法或许我们都有过。如果听之任之，那么长久下来，我们留给自己的时间就少之又少，最后离自我的目标也就越来越远。

记得我从小就是一个特别懂事的孩子，也经常以乐于助人为荣。大学毕业后刚开始工作时，有个姐姐经常让我去帮忙，有的时候是帮她去银行拿单子，有的时候是送单子，而且还不是去一家银行，麻烦的时候，可能会耽误大半个上午的时间。有的时候，由于帮那位姐姐做事，影响了自己的工作时间，后来被领导发现，则认为我在消极怠工，便找我谈了几次话，我对此则是百口莫辩。

后来，领导安排我和其他同事去完成同一个任务，这些同事总是把事情支到我这里来。刚开始的时候，我没有多想，觉得就是多干点活也无所谓，反正又累不死人。直到我发现自己的时间已经被重重工作挤压得没有任何空隙，这些工作里既有我应做的、也有其他同事应做的。我终于愤怒地说："这项工作，不是我一个人的，是领导安排给我们大家的，我希望我们一起来完成！"

从那以后，再也没有出现这种情况，而我也有了充分的时间完成其他的工作。

所以，有时候你的忍让，是因为你自己觉得在替别人考虑，而事实上是因为你没有意识到时间的重要性，要知道，同样的时间，你可以成就不一样的自己。

从两年前开始，除去工作时间，我开始在网上写文章。去年的下半年，我几乎没有写出什么作品，那是因为我的手机安装了一个新的软件，那就是微信。手机上刚刚安装了微信后，我就被朋友拉进了一个微信群，这个群里没有别人，都是最好的朋友。在群里不好意思不说话，大家一招呼，我就马上进群里聊天。

回想有半年的时光，除了工作时间，我把所有的时间都放在了这个群里，甚至在晚上聊到后半夜。

群里的人经常轮流请客，所以，周末或者假期几乎都是和朋友们在一起吃饭、喝酒、聊天，根本就没有时间与自己相处。直到过年的时候，我才发现，我这大半年什么都没做，时间都浪费在了聊天上了。

夜里醒来，群里的人们又开始说话，我将微信群调成了免打扰状态，因为我突然发现，我已经偏离自己的航道太远了。朋友需要联络，感情需要维系，但是，并不是需要天天闲聊和八卦，真正的感情是需要一定距离感，是需要有独立空间的。

那段时间，我恰好看了一篇文章，文章里说：如果一段谈话超过了你单腿站立的时间，那么你就是在浪费时间了。

这种说法，或许有些偏激，但是，如果你每天和这个人聊一个小时，和那个人聊一个小时，那么你还有多少真正属于自己的时间呢？

而就在那半年里，我的闺蜜小暖，一个从来都不参与任何聊天，不参与任何聚会的女孩，一次性就将一级建造师证书给考下来了。

所以，不要给自己找借口，说什么朋友的感情是需要日日维系的，不要欺骗自己，人际关系是要费心处理的。真正的朋友不需要你刻意地、费尽心力地去维系，日久见人心，患难见真情，一份真正的友情是包含着理解和宽容，而且是经得起风浪侵蚀的。再说，当你一事无成的时候，很多朋友就算你日日维系，称兄道弟，别人也未必将你放在眼里。

人生短暂，在时间上面我们还是要自私一点吧，多一些时间和自己相处，多一些时间来读书学习，少一些无谓的闲聊，少一些逢迎的酒局。请相信，管理好自己的时间，你的人生会有一个大的改变。

埋头努力，是为了能够如鱼得水

　　每一个成功者都有一段埋头努力，不问周边世事的时光，唯有耐得住寂寞，才能守得住繁华。埋头努力，对于你的付出，岁月终会报之以沉甸甸的果实。

　　有天和爱人去保养汽车，4S 店里的小哥看我们在那里干等着也很无聊，于是就给了我们两张《煎饼侠》的电影票，让我们去电影院看电影。

　　生活的勇者在于他们能够认清现实，并能对生活暂时"妥协"，默默地努力，时光终不会辜负他们，而是回报给他们流光溢彩的人生。

　　我们在人生的轨道中，总是习惯走上升曲线，而不习惯，也不想走直线和下行曲线。但是，人生就是一个抛物线，它总会有升有降有平，那么在我们还算年轻的时候，遇到直线或者下行曲线的时候，正是我们可以默默地修炼自己的时候。所有的挫折，所有的遭遇都是来磨炼你的，都是让你在成功的路上修行。这时的你，可以让自己修养心性，默默努力，让自己在能力、精神和修养上都有一个较高的提升，等待人生曲线的再次上扬。只要你认真地对待自己，将自己的一切交给努力，交给时间，即使你暂时所得到的并不是自己最想要的，但是，生命最终会给你丰硕的馈赠。

一个很好的朋友，有一段时间失恋了，他仿佛失踪了一般，QQ、微信、博客都停止了更新，我一度甚至以为他失踪了。当我给他打电话，确认他是否平安时，电话接通他只是嘿嘿一笑，说自己正忙着学习，没有时间和精力去更新状态。

在这半年里他瘦掉了 20 斤，每天除了工作就是学习，一度以"潮人"自称的他更是放弃了自己的形象，破天荒地理了板寸。沉寂多时的他，微信里第一条消息就是他考上研究生了，周围的朋友一片唏嘘，一片赞叹。

所以，甘于沉寂，默默地去努力，不怨天，不尤人，时光终究不会辜负你。

学习无边界，学会跨界生存

如果有一天，我们被这个社会所抛弃，一定是我们没有学会跨界，没有更好地适应这个社会。努力地丰富自己，让学习无边界，让能力无边界，让你的价值无边界。

我看了一篇文章，讲述的是未来十几年我们将面对的是一个高度关联、无孔不入的智能世界，仅仅依靠智商和经验的工作岗位，迟早会被机器人所代替。

在这几年已经诞生了可以实时翻译的手机工具，我们现在所认为的高薪行业，在未来十年后，不一定还能维持你体面的生活。

更重要的是，未来几年，一个行业一个公司的命运将会异常短暂，一辈子在一个公司、一个行业会很难。这就需要我们多多学习，多多丰富自己，不要仅仅限于掌握一种技能、一种知识，以及一种生存方式，而是要紧紧跟上时代的步伐，不让自己被这个时代所抛弃。

其实，在互联网时代，我们很多人的身份已经不是那么单一，很多人早早地就学会了跨界。

比如作家当年明月，他原本是一名海关工作人员；比如大冰，他是山东卫视的主持人，是民谣歌手，是酒吧老板，是背包客，更是畅销书作家；比如任泉，他是演员，是制片人，更是一个成功的老板，成功的投资人。其实在你的身边，有的人看起来就是一个和你一样的普通人，其实你不知道，在八小时之外，他可能还是个写手，是个投资人，甚至还有很多技能和工作。所以，互联网给了我们更多跨界的可能和机遇。

张嘉佳说过一句话："别再说怀才不遇！矫情！"也就是说我们所处的这个时代，是最好的时代，只要你比别人努力，你真的是在认真地做事情，那么你就能甩掉一大批不努力的人。

在我的微信群里还有一个可爱的大哥，他是一个野外摄影师，他的工作极具挑战性，经常出入于山林荒野，受过非常严格的训练，所以他体格健硕。有一次他受伤了，待在家里休养，他想去健身房健身。当时，健身教练非要和他比试一下体能，没想到刚一出手，健身教练就已被击倒在地上起不来了。所以，这位朋友即便是哪天失业了，当个健身教练也是个不错的选择。此外，当他休养在家的时候，还有人预约他拍写真，当被问及酬劳的时候，他淡淡地说："都是自己人，给打了五折，就要了一个数！"出乎人们意料的是，这"一个数"不是一千，而是一万！另外，他还是一个网络写手，以及专业的剧本复审人员，他在微信群里给我们讲过课，我们对他既羡慕又佩服。

互联网时代，每一个小的个体都必须把自己的技能和需求者联系起来，从而实现自己的才能的跨界。

罗振宇说过："这个时代，过去的经验没用了，对未来的预测基本都是瞎扯，基于原来人际关系获得的所有巧妙几乎都失效了！"既然对未来无法预测，那么就要无边界地学习，懂得跨界生存。

你是真的很努力，还是在装样子

与其在生活里当配角，不如真正地去努力，因为你只要真的努力了，上帝终究会馈赠于你。

你想要一部苹果手机，终究得到了它；你想要和她恋爱，并努力地追求，真心地付出，终究使她成了你的伴侣；你想要一辆属于自己的车子，并努力赚钱，最终得到了心仪的车子。实际上，只要通过不太艰难的努力，就可以实现这些目标的。

所以，你的心在哪里，你关注什么，你想要得到什么，只要你方法得当，只要你真心地努力付出，你终究会得到自己想要的一切。这种努力，绝不是在装样子，比如你看似在读书，实则在玩手机；看似在做题，实则在想别的事情；看似很努力地向着目标前进，却真的只是看起来如此，实际并非真的在追求。

记得刚毕业的时候我考过会计证，说起这段经历，现在还觉得很恐怖。当时，领导想让我接手会计工作，于是给我一年的时间来考会计证。那时，我刚刚毕业，正要欢呼不用再去考试了，结果又得考会计证。我当时感觉学什么都学不进去，哪怕每天晚上熬夜熬到次日凌晨两点多钟，看起来很努力，但是脑子里面却不知道在想些什么。在单位，我也认真地做着习题，但是，却根本没有学到心里。最后，在我当时看来一个很"简单"的会计资格考试，结果却没有通过。

虽然我那时嘴上说着自己和会计这个职业没有"缘分"，但是，我在心里很清楚，自己并没有付出真正的努力，不过是看起来很努力罢了，只是做了一副看似很努力的样子。

就像在上高中的时候，为了让父母认为我学习很努力，我每天都熬到午夜以后，但是，只有我自己才知道，其实我在看书时老是走神，或者在偷吃东西，而不知情的父母还以为我在学习上"异常努力"，并且常对着邻居夸赞我。其实我知道，我根本没有那么努力，实际上，由于晚上睡不好，白天上课也精力不集中，这让我本来比较完美的脸庞上早早地落下了黑眼圈，现在想来，觉得真的是得不偿失。

这是另一种懒惰和浪费生命的方式，那就是我本来可以早早地睡觉，第二天非常有效率地记住老师讲的内容，快速地做完作业，回到家就可以睡觉或者玩耍了。但是，我却在该听课的时候走神，忙着记笔记，却从来都不再看笔记，晚上回到家该睡觉、让脑子休息的时候，却装着很努力看书的样子，所以，我在初中和高中时都未能进入优秀学生的行列。

到了大学，我每天都把时间用在看书和学习上，还参加了很多社团组织，看起来好像很忙碌，但是现在想来，我并没有真正为自己努力过，我甚至从未想过毕业时的就业目标。虽然我那时年年被评为"优秀"，年年都有奖拿，但是我除了学习专业课程以外，并没有多少时间去拓展自己的知识，开阔自己的视野，也未能切实地制定自己未来的目标。

大学毕业的时候，有的同学考上了名校的研究生，有的出国留学了，有的进了名企，而我却很茫然。我从来都没有认真想过自己毕业的时候做什么，只是按部就班地按着学校的教学和课程学习着，我所得到的成绩也只是功课内的，功课外的成绩我丝毫没有取得，这对我而言不得不说是一种失败。

所以，大学里的自己，看似很努力，其实我并没有真正努力，因为我从来都没有认真地思考过自己的方向，以及自己的未来。

后来看看周围，舍友凌姐已经成了一名出色的销售人员，好朋友安琪已经成功地写完了她人生中的第一部小说，柳柳更是考上了研究生，小鱼已经在北京找到了属于自己的高薪工作，更多的人已经为自己的未来找准了路子，而我却是茫然的。

这个时候，我才发现，只知道听话，从来都没有认真地独立思考是多么可悲。因为，我所得到的都是做给别人看的，我一直都活在别人的期望里，一直都活在别人的眼光里，一直都活在别人的生活里，却从来没有为自己而活过。

所以我是懦弱的，我只会按部就班地走，却从不自己去努力争取，去学习，去实践，去得到。就像我想去参加"红楼选秀"，父母却告诉我要专心读书的时候，我就放弃了，而不是坚决地争取。

当一个湖南的学弟得知我毕业后的去处的时候，他怔怔地看了我一眼，说："我觉得你真落魄！"我站在风中无话可说，我觉得此时的他是看不起我的，或者他从来就没有真正地看得起我。

记得第一次和他相遇是在学校的图书馆。我那时的学习成绩很好，当然也仅仅是学习成绩很好而已。

他是一个刚到北京的大一新生，哪里都不熟悉，却提前从学校出来，到北京找兼职工作。在两个月的时间里，他炒了好几个老板，只为找一个真正能够提升自己价值的地方。

在业余时间，他拿着地图走遍了令他感兴趣的景点，而我却只知道在教室、图书馆里"一心只读圣贤书，两耳不闻窗外事"，忽略了一定程度上的社会实践，结果，虽然我在北京已经三年了，但出去的时候还总是坐车坐错方向，甚至总是迷路。

后来，这位学弟跟我谈了一个多小时，并对我说："学姐！你漂亮是漂亮，学习好是学习好，但是你活得没有生命力，你不觉得你辜负了你的人生吗？"说完，他就自己去找书看了，我当即愣在了原地。

直到现在我还经常想起他的话，觉得他说得很对，我确实没有像他那样努力，去丰富自己，绽放自己。所以，当你调动自己全方位的神经，为了一个目标而持续努力的时候，全世界都会为你让路。

让生命变得更好，从来都是自己的事情

我们都曾经希望别人保护自己，希望别人帮助自己。当别人走了，你才发现，你真正可以仰仗的其实只有你自己。

每个人的生命只有一次，我们都希望这辈子活得精彩，即使不够精彩，也会希望我们的生命可以活得宽广与开阔，能够走到高处。然而，命运的主动权要牢牢地握在自己手里，每个人与生俱来的人生使命，终究要靠自己去实现。

很多时候，我们兜兜转转地寻找那个可以帮助自己的人，可以提升自己境界和视野的人，最终却发现，他们根本不可能带我们去想去的地方，即使你遇到了那个能够带你去的人，他也不一定会看你一眼。

就像你是某个大咖的粉丝，他会给你签名，会与你合影，可是，他会和你成为真正的朋友吗？当你们的视野和见解以及地位都不在一个层次上的时候，你们会有真正意义上的交流吗？实际上，这种情况下的交往，很多时候是一个低着头，一个踮着脚尖，其结果令双方都觉难受。

我曾经是个内向的人，而且性情有些怯弱，总喜欢依赖别人。那时，我喜欢性格外向的人，喜欢说话有幽默感的人。

记得当时有一个同事，非常照顾我，无论我去做什么，她都会站在我的身边帮我。时间长了，我就对她形成了依赖，自己也不爱动什么脑筋了，觉得反正有人替我解决。

有一天，她要调离岗位，我忽然发现自己仿佛失去了主心骨一般，无论做什么都缩手缩脚，畏首畏尾。在她刚走的那段日子里，我非常不习惯和害怕，心想要是以后没有人帮我了该怎么办？她走了，会不会有人欺负我呢？我自己能做好这些事情吗？若没有人陪我该如何是好？

那是一段非常黑暗的日子，也是一段自我迷失的日子，我害怕和恐惧一切事情，无论是说话和做事总是一副极其小心的样子。我非常讨厌当时的自己。当我逐渐意识到自己的问题已经很严重的时候，便请了一星期的假，开始在家里反思自己。

其实，有的时候，特别是你的人生遇到瓶颈时，你一定要停下来，让自己冷静下来，好好地想一想自己的问题，多问自己几个为什么。

在那一周里，我什么也不做，只是思考自己为什么会这样。可是，在我百思不得其解、闲来无事的时候，我看了一本书，叫作《家庭会伤人》。从那本书里面，我找到了自己依赖心理的来源，更清楚地看到严重的依赖性会给我造成怎样的后果。

通过看书和反思，我发现自己看似独立，但是心理上却并不独立，我一直在逃避问题，无论遇到什么问题，我都希望能够用逃避的方法来解决，甚至靠幻想和寻找另一些事情来暂时麻醉自己，以及假装问题不存在，最好是有人替我解决。

在我的内心里，总是藏着一个坐在角落里抱着双腿，睁着恐惧的大眼睛的小孩子，她害怕冲突，害怕独自处理事情，害怕矛盾，害怕未来不好，唯一可以获得暂时解脱的方法就是逃避。

当我在内心里找到这个懦弱的小孩子的时候，我伸出双手将她抱了起来，温柔地对她说："相信自己，你可以处理一切问题！不要依赖别人！无论你依赖谁，她都会有走开的一天，只有你自己永远不会离开你！所以，你才是自己的守护神，你有力量解决一切问题，你有力量赢得美好的未来！"

从那以后，我开始尝试着自己处理问题，无论遇到什么问题，我都大胆地去解决，去争取，去奋斗。我不再处处依赖别人，而是让自己负起全部的责任。

有时，我还会害怕和逃避，但我总是能够及时地将那个想要逃跑的自己抓回来，然后义正词严地告诉自己：你必须充分发挥自己的主观能动性，必须依靠自己全力以赴地去解决问题！

慢慢地，我无论是说话还是处理事情，都变得非常自信和专业。我发现自己不再畏首畏尾，而是在每次失败后，都能认真地查找原因，提升自己，让自己成长，让自己变得美好和阳光起来。

慢慢地，我觉得自己从原先被生活所掌控，逐渐地变得能够掌控生活。

在过去，如果父母说的话不对，我只是闷声不语地和他们冷战，而此刻的我已学会微笑着柔声地将自己的理解讲给他们听；在和领导意见不一致的时候，听完了领导的意见，我会用非常平稳的情绪慢慢地述说我自己的想法；当我和先生有冲突的时候，以前总是无论什么都低头认错，现在则会讲出自己这样做的理由；甚至在和客户谈话的时候，我的自信和微笑，以及沉稳的语速也会让对方感到特别舒服和美好。

在不忙的日子里，我就看书学习，努力从书中找到自己需要提升的品质和内涵，慢慢地，我开始不再恐惧，不再害怕，不再焦虑，而是变得越来越淡定和有掌控感。

原来，一个人只有真正在清醒地掌控自己生活的时候，才有真正的安全感；原来，一个人只有依靠自己，才能真正地拥有好的心态和好的生活。

　　只要自信，只要努力，只要依赖自己，你就会变成你自己的依靠，变成你自己最为坚强的后盾。这个世界只有你自己可以依赖，不要懦弱，不要卑微，不要攀附，牢牢地把握住自己，好好地依靠自己，你终究会变成那个最好的自己。

拿到不好的牌时，努力让自己装满糖果

人生的牌难免时好时坏，当你摸到的牌不够幸运时，你是继续发牢骚，扰乱出牌的策略，还是该努力让自己的口袋装满糖果，甚至让自己变成牛人？

在我们的生活中，经常会有这样的人。他们长得很一般，家庭也特别穷，他们的父母没有钱供他们上学接受好的教育，他们甚至在很小的年纪就要承担起养家的重担。一个人面临这样的人生起点，摸到一副这样的牌应该不算好吧？在很多人看来，他们可能没有翻牌的机会了。在很多人看来，他们肯定要怨天尤人，其落魄状况可能要跟祥林嫂一样了吧？

然而，就有那么一些人，虽然在他们出生的时候，老天爷给他的牌极其不好，但他们却努力让自己的口袋装满糖果，不给自己的心灵填充怨天尤人的负能量，努力让自己由内而外地闪闪发光。

我认识一个大哥哥，他出生在一个偏远荒僻的农村，他的父母是地地道道的农民，没有什么能耐，无法让他接受良好的学校教育，他在家里还有年幼的弟弟。他只上过一年的学，很小的时候就去帮人放羊。但他很爱学习，而且永远保持着乐观、谦卑的心态。后来在深圳，他接触到了做电子维修的朋友，发现自己也特别喜欢这个行业，于是他不再放羊，而是跟着别人当学徒。

　　他学习非常认真、刻苦，经常钻研技术到深夜。他平时话不多，却长了一张很喜庆的脸，人也很乐观，无论见到谁都是笑容满面的样子。

　　由于他的性格好，而且勤快，能够吃苦耐劳，店里的师傅也就乐于传授给他更多的技能，他在学徒工的行列里逐渐崭露头角。不久，他就被升为顶级修理师。

　　几年之间，他帮父母盖了房子，帮弟弟娶了媳妇。平时，他除去生活费，把所有的钱都汇给了自己的父母。

　　他的孝顺在整个村里是出了名的，每次回到村里，他也不闲着。这家的电线坏了他去帮忙修，那家的电视机坏了他又帮忙去修，各式各样的电子设备只要有坏掉的，都来找他，他乐此不疲。

　　后来，他在大都市里买了房子，还成立了自己的工作室，翻身当起了老板。

　　他现在依旧是没有脾气的样子，每天都是笑呵呵的，谈话间都是对未来工作室的扩张和经营的信心。看着他意气风发的样子，我从心里很为他高兴。

　　可以说，上天给他的牌并不是那么好，然而，他没有自暴自弃，而是通过自己的勤劳和努力，让自己的口袋里装满了糖果，更让他的亲人和朋友们享受到了他的糖果，这是何等的荣耀与美好？

　　我在大学里还有一个好朋友，她的家里也很贫困，为了让她上大学，她的家里可以说已经家徒四壁了。

　　为了节省开支，她一年下来基本上不会买一件衣服；她吃饭时也总是用白米饭搭配着咸菜；她平日里最大的爱好就是坐在自习室里学习。就这样，春去秋来，她一直牢牢地坐在那里，仿佛感受不到四季的变化。

　　那时，我虽然也在学习，但并没有明确的目标，而她的目标则是她心目中的大学——浙江大学。

　　终于，她如愿考上了浙江大学的研究生，在读期间就进了名企实习，毕业后更是留在了名企，过着光鲜亮丽的生活。她现在过着我望尘莫及的生活，我很佩服她的决心和努力。其实，如果每个人都真正努力地去改变自己的现状，很多事情都是会有转机的。

　　比如，在我的家乡，就算是七八十岁的老奶奶和老爷爷，也经常会拿着剪刀剪辣椒根，用自己的劳动赚点外快。其实，他们也不是缺钱，只是觉得，即便是老人，只要有点事做，才会觉得更有生命力，才会更快乐。

　　一般来说，有的人在刚出生时拿了好牌，家境富裕，父母疼爱，再加上长得可爱会说话，肯定会得到周围所有人的青睐。然而，有的人出生于贫困家庭，连吃饭和穿衣都成问题，如果再长得丑点，那么他的牌就可以说是差到极点了。但是如果他放任自己的牌就此差下去，那么他这一生都会在碌碌无为中度过。如果他能够靠着自己的勤奋和努力去改变命运，让自己的口袋里装满糖果，那么他就会凭着自己的努力，过上自己想要的生活。

　　网络上有一句话是这么说的："以大多数人的努力程度，还没有到拼天赋的地步！"所以，只要你够努力，只要你够勤奋，你就能将大多数人甩到身后，让自己的人生越来越开阔。

　　这个时代会厚待那些真正努力并为之拼搏和奋斗的人。当你某一天站在自己梦想的那个地方时，你会感谢虽然拿了较差的牌，却不放弃努力拼搏的自己。

改变性格，赢得美好人生

性格决定命运，在适当的时候适当地改变性格上的不足，有助于成就人生，或者改变命运。

最近看了很多书，几乎一天一本，有时一天两本，对于书的渴望仿佛是我人生中最引以为傲的事情。逛街的时候看到衣服或饰品会犹豫，可只要一看到喜欢的书，就毫不犹豫地往包里塞，几乎每次逛街，都要带回几本。我还有一个毛病，那就是看完喜欢的书和光碟就会送给朋友，有了好东西总想与别人一起分享。

我记得给爸爸买的一本《品三国前传》都半年了，他还没怎么翻。我一气之下拿过来自己看，看完后给我最大的感触是：人生所有的大溃败都是从细微处慢慢累积的，它和成功一样，不是一蹴而就的，所有的失败都有着前因后果。

就像项羽和刘邦之间，不论是背景、个人能力，还是人格魅力方面，刘邦都逊色项羽很多。然而，拥有贵族血统和强大个人魅力的项羽，为什么会斗不过一个从小被自己的父亲定义成"小流氓"的刘邦呢？其实从他们的性格上就能找到一些原因。

刘邦虽然没什么能力，但是他心胸开阔，可以驾驭那些有才能的人为他所用。只要刘邦认为一个人能干事，即使侮辱过他的人都会得到重用。他自己没有多大的本事，却可以让一群有本事的人为他拼死效命。

就算有人说他虚伪，说他一切都是做戏，然而即便是做戏，他也做得足够彻底，将自己的戏份做足，做透，做到极致。比如对韩信，为了让韩信为他效命，他给韩信穿自己的衣服，让他跟自己吃同样的食物，这使得本来就怀才不遇、心里倍感失落的韩信在心理上得到极大的慰藉，并将刘邦视为伯乐和知己，从此拼死为刘邦效命。刘邦对张良、萧何等人也是极为恭敬和谦卑，从而让他们发自内心地支持自己，最后使这些优秀的人才将毕生的岁月交给了刘邦。

而项羽则不同，他气度狭小，心胸不够开阔，将权力紧紧地握在自己的手里，而且只有妇人之仁，平时，将士们病了他会心疼得哭，可是封王封侯的时候，他则表现得吝啬和难以服众。这就像当下的一些领导，把所有的成绩都揽在自己身上，不舍得给手下的将士们分享功劳，那么，将士们为什么还要跟着你呢？说实话，很多人追随一个公司领导，很大程度上也是为自己的前途着想。既然跟着项羽没有封王封侯与受赐爵位的希望，那么还有多少人愿意为项羽拼死效忠呢？所以，项羽之败于刘邦，也就是情理之中了。

可以说，《品三国前传》这本书理性客观地分析了秦汉时代众多人物的命运，从一个侧面推翻了项羽那句"天要亡我"的论断。这说明：有的时候，路走到了尽头，并不是偶然，而是性格中某个致命的硬伤慢慢积累的结果，就像韩信最后的灭亡，也是由于其政治上优柔寡断、又不能做到明智地全身而退的性情所致。

其实，我在看《万历十五年》时也有这样的感觉。当时整本书看下来，我有一种特别大的感触，如果一个人的命运走到最后，乃至走到绝路，那么他的性格中肯定有一个致命的硬伤。万历十五年（公元 1587

年），也就是明朝万历时期大名鼎鼎的内阁首辅张居正去世后的第五个年头，生前风光无限的张居正，死后被抄家，就连张居正也险些被鞭尸。从某种程度上来说，张居正的结局与他本人生前的性格是有着不可分割的关系的。

同时，南宋被杀的抗金英雄岳飞，以及此前北宋时期被放逐的寇准，他们的个性中都有着不同程度的硬伤，尤其是把握不准皇帝的底线，总是挑战皇帝的底线，不懂得在其位谋其政，不在其位不谋其政的界限感。实际上，即使作为一个忠臣，也要该管的管，不该管的不要死命地管，否则可能好心被当成驴肝肺。我们为什么这样说呢？

因为在中国的封建社会里，皇帝的话相当于"金科玉律"，从某种程度上来说，皇帝本人就是立法者，即便身为忠臣，如果要为国家做出更大的贡献，也是需要获得皇帝的认可或通过皇权才能够起到一定作用的。否则，不仅难以成功，甚至还会给自己引来杀身之祸。

比如，岳飞作为一个外将，却总是担心宋高宗赵构的立嗣问题，并主动跟皇帝提起该将皇位传给哪位皇子，甚至提出要迎回"二圣"（即被金人俘获的宋徽宗和宋钦宗，其中，宋徽宗是赵构的父亲，宋钦宗是赵构的哥哥）。一个带兵的外将竟然担心皇帝的立嗣问题，又提出要迎回被俘的前面两任皇帝，这让当时的宋高宗会有什么想法呢，岂不心存芥蒂？在古代中国，一个人一旦称帝，便有如骑虎难下，若再度卸任，结局通常较惨，赵构也不会不知道这一点。所以，岳飞当时的提议，可谓触到了宋高宗赵构的痛点上，这也成为岳飞后来被诬以谋反而被杀的一个不得不考虑的因素。

北宋时期的寇准常是口无遮拦，多次挑战宋真宗的情绪极限，结果三次被赶出京城，最后一次，是被赶到当时环境恶劣的雷州半岛（今广东省的南端，与海南岛之间隔着琼州海峡相望），从此再也没有被重用。

其实，这些人都是当时颇有才能的人，可谓是国家的栋梁，然而，他们却不自知性格上的缺陷，不仅在形成自己多舛命运方面起了推波助澜的作用，也不利于挽救所处的时局。可见，完善自己的性格，真的很重要。

另外，在我们的生活中，性情懦弱的人总是受人欺负，其生活也总是受着他人的影响；而性格暴躁的人，则总是在不自知的情况下得罪人，将命运断送在自己的坏脾气上。虽然性格是与生俱来的，本性难移，但并不是终生不能改变的，它会随着你生活阅历的增加，世事的历练，对人生的醒悟，以及自身的不断学习而得到改善。

记得在上高中时，我的性格内向而孤僻，甚至有一些抑郁症的倾向。当时，我的心里有着巨大的不安全感，就把自己层层地保护起来，故意说话时带棱角，好让别人觉得自己很强悍。到了上大学时，周围同学们的友好让我慢慢地放下心里的不安，开始坦然面对生活，反省自己过去的言行，放下自己伪装的姿态，怀着平常心去生活，不管去受伤，去喜悦，去悲痛，都感到踏实和安详。在大学里，我收获了更多属于自己生命的东西，包括对生活，对人生，对他人，对自己的态度。

可能在某一个人生阶段，我们的思维会受困于某些事的坎坷，但过一段时间后，再去想那些坎坷的事，会觉得这些坎坷已如远去的烟尘，即使回忆时仍有痛楚，但你的人生却从中得以历练，你的性格也得以改善。

我还想起一句话：每一条走过的路径，都有其不得不这样跋涉的理由，每一条要踏上去的前途，也有它不得不那样选择的方向。其实，我们经历的所有，都是上天在提醒我们：让我们日益完善自己，让自己的性格更加包容和通达，更加灵活和生动，从而赢得最美好的人生。

不要死在黎明前的黑暗里

有时候，有些努力，有些付出，有些拼搏，有些奋斗，仿佛都被巨大的黑暗笼罩着，看不到未来的方向，不要放弃，咬紧牙关，再坚持一会儿，相信自己一定能够变成心中的白天鹅。

每个人的成功都不可能是一蹴而就，每个成功的人在黎明到来之前，总有一段黑暗到伸手不见五指的时光。很多人在黑暗里害怕、尖叫、恐慌，继而倒下。而总是有一些人，即使害怕、即使不安、即使想要退缩，却仍咬紧牙关，拼死也要撑下去，最终看到了黎明的曙光。

在这段黑暗得看不到边际的时间里，他当然也会想让自己安全一点，舒适一点，让自己不用这么劳累。于是，他心里的黑天鹅和白天鹅不停地争斗，最终白天鹅战胜了黑天鹅，他成为生活中的勇者。

大学时期有一个同学叫蓝天，他长得白白的、矮矮的、胖胖的，他的成绩在我们班并不是特别地靠前。他给我们最大的印象就是爱吃，无论参加什么场合，他都会抱着一个大瓶子，里面放着酸奶或者用开水沏好的奶粉。就算在自习室，身为一个男子汉的他，也会抱一大堆零食，独自享受。每次下课吃饭，他肯定会首先冲出教室，因为他害怕晚了就抢不到鸡腿吃。

我们只是觉得这个男孩子在爱吃方面像个小女孩一样，并没有给予他多余的关注，而他却每见一个人都会高调地说："我要考 GRE（全称 Graduate Record Examination，中文名称为'美国研究生入学考试'）！"他每次操着浓重的南方口音说这句话的时候，一双宛若混血儿般的大眼睛闪闪发光。

可是，我们从来没有人把他的话当回事，我们总觉得这个男孩儿有点奇怪和可爱。但是，他是自习室里的常客，他大部分的时间都用来学习英语。他无论到哪里，都会抱着一本 GRE 词汇书籍，即使是在啃鸡腿的时候，在喝酸奶的时候，以及嘴里嚼着饼干的时候，视线也不会从他手里的书上离开。

对于他的努力，我们已经习以为常，却从来都不放在眼里，我们对他的理想没有信心。他对自己的理想和付出显然也缺乏足够的信心，比如，大学英语四级考试的时候，他竟然不相信自己能够考过，或许是因为他太在乎英语成绩了。在考试当天，他开始发高烧，浑身颤抖地答完了试卷后，他觉得自己这次肯定是考不过了，于是独自走上了宿舍楼的楼顶，然后给他心目中的女神（指他暗恋着的女孩子）发信息，说自己不想活了，要跳楼。

我们能理解他内心的绝望，因为这是他特别在乎与重视的一项考试，他觉得自己考得很糟糕，他觉得自己如果连英语四级都考不过，未来的 GRE 考试又该怎么办？这就好比，有一个令我们特别喜欢的男神，我们本来想在男神面前好好地表现，最好能"秒杀"到他、快速地俘获他的心。可是，我们却在男神的面前摔了个龌龊的趔趄，对于我们来说，此时肯定想死的心都有了。

在收到男孩的信息后，女神很淡定，一边让我们通知了他宿舍的哥们，一边淡淡地给他回了句信息："跳吧！"

最后，男孩儿被人拉下了顶楼。此后，他一度泄气，甚至想到放弃，但是他舍不得自己的梦想，他变得更加努力。于是，在每天天不亮时，他就跑到操场，在操场里一边跑步一边背单词。我们笑着说他是打不死的小强，他只是淡淡地笑笑，继续背单词与做题。

老天爷就是这么公平，只要你把内心想要的东西大声地说出来，然后付出相当的勤奋和努力，那么老天爷就会将它赏赐给你。英语四级成绩出来后，他自己不敢去查，他怕自己被刺激后再次去跳楼。

他的舍友去帮他查的，他的成绩出乎意料地好，甚至比我们这些没有发烧的人都好。他喜极而泣，一会儿哭，一会儿笑，相貌平凡的他，依旧引不起我们的半点儿兴趣，只是觉得这个男孩儿执拗得可以。

即使在临近毕业时，他努力的脚步也从未停止过。最后，老天终于给了他回报，他如愿地考上了美国的一所高校，并且免半年学费。

这个时候，我们才发现这个男生并不简单，他并不是在开玩笑，从一开始，他就知道自己心里最想要的那个东西。即使在这个过程中，他有过灰心，想过放弃。但是，他还是坚持下来了，他没有跌倒在黎明前的黑暗里。那时，我们仿佛看到矮矮胖胖的他，喜笑颜开地追逐着黎明的阳光，他胖胖的轮廓后面是刚升起的太阳迸发出来的万丈光芒，有一股壮丽的感觉在我们的心头升起。

其实，我们很多人在遇到困难和挫折的时候，不免想要放弃，或者急忙转弯。当今，社会上一些人浮躁而功利，甚至丧失了坚持和守恒的力量，殊不知，有些时候，坚持是最好的品质，是打开成功之门的最好钥匙。因为，真正好的东西，从来不会那么容易地得到，而是需要你付出时间和努力，并且有足够的耐心等待，将根扎到深处，在黑暗里默默地走向自己的梦想，黎明一定会将那美妙的梦想带给你。

越优秀的人，比你越努力

其实所有光鲜亮丽的背后都有着不为人知的付出和努力，优秀是一种追求卓越的精神，那些优秀的人其实只是比你更努力。

在我们的生活中，我们发现那些比我们优秀的人，大多身材都比较好，还有精神面貌和言谈举止都比较得体。其实，并不是好身材偏向于成功人士，而是那些优秀的人，选择了好的身材。

大多数优秀的人都有健身的习惯，在吃东西的时候，也会非常自律。其实，做人最高的境界不是想做什么就做什么，而是不想做什么就不做什么，比如避免将时间浪费在无效社交或者无谓的应酬上面等。

越优秀的人越懂得自己拿到来人间走一趟的门票是多么的不容易，自己应该给这个世界留下什么，自己想要得到什么，自己怎样度过为期不过几万天的旅途。所以，即使遇到困境，他们也从不放弃自己，不放弃自己的梦想和生活，他会调动自己身体的一切积极元素去努力，去为梦想而拼搏。

比如文案高手小马宋，他原本在西安交大毕业后就分配到了中石化集团的下属工厂做热能工程师。现在的他是文案界的名人，就职过很多国际性的大公司，并且自己创立了"第九课堂"，专门教人写文案。

而他是怎么从一个热能工程师做到现在这个位置的呢？这一切都归

结于他自身的努力，在他刚刚在广告公司工作的时候，他觉得自己的写作思路非常狭隘。于是，他从网上搜集了20000个顶尖的创意作品，并反复看了三遍以上。同时，他将世界上最经典的文案，全部抄写了一遍，他还能将大部分文案熟练地背诵和复述，这为他之后的文案创作打下了坚实的基础。我们都以为那些天马行空的设计和理念是他的天赋，其实，那是源于他付出了比常人更多的努力。

那些有才华的人，为什么有才华？其实这是他们的努力从量变到质变的结果。

我的微信群里还有很多优秀的作者，在他们之中，有的人甚至年纪还很小，每天都保证一万到两万字的码字数量。而我必须每天保证有一定的阅读量，并规定自己每天最低3000字的练笔。其实对于群里的小伙伴们而言，我还并不算努力，因为经常在我半夜醒来看群动态的时候，总有几个人还在深夜里默默地坚持着。

人们都说"80后""90后"是垮掉的一代，其实并不是这样子的，我们"80后"每天都为生计和房子而努力拼搏，根本没有空，也没有闲情去垮掉。而"90后"就更有他们的目标，他们比我们活得更加洒脱，而且目标明确，他们如果想要得到一样东西，就会真的付出努力。比如现在涌现出来的很多网络作家，不少是"80后"，他们在夜里奋笔疾书的状态，很少有人看到，我们看到的只是他们白日里的轻松和卖萌。其实，他们在夜里深深扎根的努力，你是不知道的。

我们总是会抱怨自己的身材随着年龄的增长而走样儿，看着电视上那些仿佛未留下岁月痕迹的明星，我们总是骗自己说她们都是做了整容，或者说他们都是往脸上打了瘦脸针。其实，你看看他们的微博，大多数人为了保持身材而有着长期不懈的健身习惯。好多明星的微博上经常在晒自己做着高难度动作的照片，那种让我们望而生畏的难度，并不是每一个人都舍得让自己忍痛去做的。

可见，我们只有坚持不懈地努力，才能跟他们之间的距离越来越接近。那些看起来特别轻松，总是说自己底子好、基础好的人，背地里一定是在暗自发力，努力扎根的人。

通常来说，人的天赋是难以复制的，因为这在很大程度上取决于先天性因素。然而，在构成一个人成功的诸多因素中，后天的努力往往起着决定性作用。因此，如果我们无法和别人拼天赋，那么不如拼谁更努力，才能让自己和优秀的人之间的距离越来越接近，即便达不到他们的境界，我们也会在努力向上的过程中成为最好的自己。

拼尽全力，你才有资格言败

大多数时候，我们都是被自己给吓坏的，如果没有拼过，你就没有资格言败，你必须狠狠地努力，才不会让未来的你为今天的不努力感到后悔。

很多时候，一个困难摆在那里，看似铜墙铁壁，但是只要你用力一击，穿过去一定能够成功。

我们班的篮球队，在整个年级里都是佼佼者，在他们身上有着拼死都不服输的精神力量。让我记忆最深刻的是在一次篮球比赛中，在上半场比赛的时候，我们班篮球队的周帅队长因为堵车到不了现场，而他恰是我们班篮球队的主力前锋。周帅的不在场，让我们的强劲对手接连得分，在上半场比赛结束时，我们的分数已经失掉了十六分。

在中场休息的时候，我们在观众席上为自己班的篮球队大喊加油，我们班的加油声此起彼伏；而对方的篮球队则对着我们不屑地喊道："这次我们赢定了！"

此时，刚才还坐在地上喝水喘气的队员们齐刷刷地站起身来，摆了一个挑战的姿势，用愤怒的动作和不服输的眼神齐声大喊："就算死，我们也要赢！"那气势，气壮山河，仿佛撼动了整个篮球馆。我们班的尖叫声不绝于耳，我们相信我们班篮球队会赢，因为我们班篮球队真的是最拼的篮球队，我们班篮球队拥有最为拼命的队员，他们对篮球运动的酷爱几乎胜于一切。

篮球场的大门开了，穿着一身白色队服的周帅队长出现了，此时，队员喔喔、阿严、青蛙王子、元宵一起做了一个胜利的姿势，眼神是前所未有的坚定和自信，而坐在观众席上的我们看着他们坚信的样子，感动得热泪盈眶。

下一场比赛，我们队可谓拼尽全力，特别是周帅队长。自从他上场后，在所有队员的配合下，他不断地灌篮成功，整个篮球场的尖叫声不绝于耳，他那坚定和必赢的眼神震慑了几乎所有的人，对方的篮球队也仿佛被我们队的气势吓倒了。从下半场开始，他们一个球都没有抢到，而我们却很快追平了分数，并狠狠地超过了他们。此时，就连对方篮球队的女生们也开始倒转向我们队，而且尽情地大声喊着："周队长加油！"

最后，我们班的篮球队获胜了。我们彼此拥抱着、欢呼着、哭泣着；此时，我们的队员们累得躺在地上，泪水满面，仍大声地喊着"胜利"。

明明是一场看起来毫无胜算的比赛，我们班篮球队却凭着"死也要赢"的拼劲赢得了比赛，最后竟然令对手的篮球队也都感动了。我想起他们为了赶上练球的时间，舍不得放下篮球去食堂吃饭，大汗淋漓地坐在篮球馆里啃馒头；想起他们练球练到深夜，想起他们不服输的表情。我为他们骄傲的同时，他们的坚韧，他们的拼搏也让我备受鼓舞，回到宿舍一想起这场比赛，依然心潮澎湃。

那个时候，我正在为暑期实习的事情纠结，虽然早就有了意向单位，但是由于自己的胆小和怯弱，却不敢去尝试。这时，想起我们那些不服输的篮球队队员们，我顿时有种羞愧的感觉——你不拼尽全力，如何知道自己不行？于是，我当即决定：去那家意向单位试一下！

过了几天，我梳妆打扮一番，拿好简历和相关证书，奔赴我梦想中的那家单位。为了不让自己过于紧张，我在公司的周围转了好多圈，最后鼓起勇气，走进了公司。我慢慢挪动脚步走到经理室门前，可是却紧张得无法呼吸，当我听到里面有几个人在说话时，我便给自己找借口说："人家很忙，没空接待你，改天再来吧！""好，那就改天再来！"我一边在内心里对自己说，一边跑下楼去，而且一口气跑出了公司。刚一跑出来，我浑身就像散了架一样酥软，同时，又有些不甘心，我想到了周队长，想到了元宵，想到了青蛙王子。

"篮球精神！"我暗暗地为自己打气，于是深深吸了一口气，又走了回去。这次，我迈着坚定的步子来到经理室，敲开了门。结果，我被公司留了下来，被安排去咨询科当助理。走出公司的时候，我再次深深地吸了口气，如果不是战胜自我重跑了回去，估计明天或者后天我都不会有勇气走进这个大门。我也特别幸运，被分到公司最活跃的咨询科，同事们用热情和激情来工作，每天都过得充实而愉快。

刚开始的时候，我还有种畏惧和无所适从的感觉。因为总觉得自己干什么都插不上手，只是按时到岗，看老员工们怎么做，静静地听他们说话。渐渐地，我从他们身上学到了很多东西，也终于明白当一个人进入一个新环境的时候，要学会去适应周围的环境，而不是等着周围的环境来适应自己。这次经历使我明白，人在大多数时候都是被自己吓到的。所以，人最大的敌人是自己，战胜自己，将会打开生命中的另一页。

未来美好的世界，需要我们去探知，感恩这个世界给予我这么多的鼓励，让我即使在最不自信的时刻，也有拼搏的精神。拼命努力的世界里会听到胜利的歌唱，只要不被自己所困，你就能开拓出生活中的另一片天空。

人生需要折腾，趁你还年轻

如果年轻的时候，不去闯，不去疯，不去奋斗，不去为这个世界留下什么，等你老了拿什么给子孙话说当年？

年轻时的状态是一个人生命中最为美好的状态，是一种最为热烈的存在，也是你人生中最有无限可能的阶段，是你最能改变自己命运的黄金时期。所以，趁青春还在，一定要去拼，去闯，去经历，去丰富，去爱，去幸福，哪怕去受伤，这样才会在你年近黄昏的时候，再回头看以前的日子，你会因为自己的拼搏而激动得泪流满面。

我认识一个姐姐，她本来是一家公司的管理层人员。然而，特别爱好艺术的她，在业余时间里坚持写小说。我和她常在网上聊天，有一段时间里，我和她都很忙，以至于好久没有在一起聊天。有一次，我在QQ空间里看到了她的动态，才得知她辞职的消息。我很惊讶，像她这样年纪轻轻就进入管理层的人还是不多见的，然而她却能淡然地放下。我问她为什么要辞职，她非常平静地说，我的小说签约了影视，我要拿出所有精力将它改编成剧本，所以我根本没有余力再去完成原来的工作；为了与单位互不影响，辞职是较好的选择。

我问她舍弃公司优厚的待遇，去做一件前途未知的事情，值得吗？她说，虽然有些舍不得，但是工作没了可以再找，可是能将自己的作品改编成电视剧的机会可谓少之又少。所以，她觉得自己必须放弃那份工作。我很佩服她的勇气，但也很感动，也相信她一定能够获得成功。的确，她从一个管理人员的身份，转变成了作家、编剧，这对于她的人生来说，已经是很重要的一个转变。

我还有个朋友，她叫兰馨。她上的是艺术类的院校，然而，却觉得对唱歌和跳舞越来越没有兴趣，她的梦想是周游世界。为此，她考虑了很久，觉得当导游可以实现自己的梦想，于是她便努力学习英语，并且着手考取导游证。当人们得知兰馨的想法后，就都笑话她，认为时下做演员比较风光，还有什么工作比做演员好呢！可是，兰馨觉得人生太短，先完成自己的人生梦想，然后再拿出时间从容不迫地过完自己的一生，也是条不错的道路。

于是，在她的校友们到处走穴演出赚外快的时候，她在学习英语；在别人拍广告的时候，她依旧在学习；在别人谈恋爱的时候，她在学习；在别人参加唱歌比赛的时候，她依旧在学习。终于，在大学毕业的时候，她如愿以偿地成为专接国外旅游团的导游。在她的QQ空间里，有她行走世界各地的照片，那些身处异域风光里的她，笑容灿烂而阳光。是的，兰馨实现了自己的梦想，过上了她曾经梦想的生活。

仙姐，长得极其漂亮，颜值和情商都很高，可谓古典与现代的完美结合体。她参加工作后，用心研究自己的业务工作，最终打造了过硬的业务本领，在单位内很受器重，她也成为名副其实的白领精英。她在下班后，还努力打造自己的"小事业"，比如写诗歌，写散文，写小说。她在每年至少有两次外出旅游，每个周末都会腾出一整天的时间来学习跳舞。如今，她虽然已经三十五六岁，可是从相貌上看起来却只有二十几岁，甚至有些不明就里的客户还热心地给她介绍对象。可以说，她的生理年龄虽然已经过了而立之年，但是她的心理年龄依旧年轻而有活力。在平常生活中，人们跟仙姐接触时，都会感受到她的青春活力，也都很乐意与她相处。

的确，一个人的生命时光是有限的，青春更是有限的。如果你在最富活力的青春时期不折腾，那么你还想在什么时候折腾呢？我曾经有一个朋友，他在自己的 QQ 空间日志里这样写道："当我弱不禁风的身体在别人的拳头下颤抖的时候，我就曾告诉自己，只有让自己变得强大了，才会赢得别人的尊重。于是，当别人讽刺嘲弄我的时候，我没有辩解，只是淡然一笑。其实，表面的轻松，难掩我内心的不快。我没有那么超尘脱俗，相反，我是凡夫俗子，有血有肉，有快乐有悲伤。或许，我曾经是一个失败者，但是我不甘心永远做一个失败者。做人，要有点骨气！我一遍又一遍地告诉自己，不可以放弃；因为一旦放弃，意味着一切努力都白费了。即使不为了自己，也要给父母、给爱自己的人一个交代。"

事实上，我的这位朋友确实用自己的行动去做到了。当别人和亲人、朋友欢聚一堂的时候，他选择了远走他乡，去外面闯荡一番事业。虽然说好男儿志在四方，但是又有谁不知道"月是故乡明"？其中的无奈，相信并不是每一个人都能够懂得。是的，当你在大漠的边缘犹豫徘徊时，当你抬头望着沙尘弥漫的昏暗天空时，你会感到自己是多么的无助，你会知道什么叫寸步难行，你会明白最温暖的永远是家。对此，我的这位朋友说了句实话："出来就是为了更好地回去。"既然选择了远走他乡，那么就要改变现状，让一切变得好起来。后来，我的这位朋友在外面打拼出了一份属于自己的事业，受到家乡人的称赞。

是的，我觉得一个人在年轻的时候，还是要充满好奇心，充满斗志，敢于改变自己的命运，敢于花时间和精力去做自己喜欢的事情。比如你喜欢小说，也希望自己在有生之年能写出一部小说，那么你不妨尝试着去写；你喜欢旅行，那么不妨先打几份工，然后攒点儿钱就上路；比如你喜欢做演员，那么不妨先去做群众演员，说不定哪天就火了；你喜欢摄影，那么就多去拍照，拍完后就传到网上挂着，或许总有几张照片会有人喜欢；你喜欢一个人时，就去大胆地表白，试想，你在年轻的时候不好好地谈一场恋爱，到年龄大了需要结婚的时候，怎么甘心就那么直接地走入婚姻的围城，而毫无选择的余地？

所以，年轻的时候需要去折腾，去闯荡，去奋斗。不要再过着今天看得到明天，明天就能看得到死的生活，让自己动起来，让自己飞起来，为了自己的梦想行动起来，你一定会发现那个潜力最大的自己。你会发现，原来一切都不是那么难，你会发现你的世界将越走越宽广，你的人生将在你自己的带领下，走向一个更高的维度、更广阔的空间。

第三章

和最好的自己温暖相拥

爱自己，才是一场终生的爱恋。好好地疼爱自己，保护自己，成就自己，活出最好的自己，和最好的自己温暖相拥。在有限的生命里，把自己活成一个传奇。

得到你想要的成功才是最赞的

你所得到的在别人眼中光芒万丈的一切，是你内心真正想要的东西吗？当别人都在羡慕你的成功时，你觉得这一切真的配得上你的付出吗？

有的时候，我们看似得到了光鲜亮丽的生活，仿佛得到了别人眼中最为美好的一切。可是，往往只有自己才知道，这或许根本不是自己想要的。找到自己真正想要的东西，并且为之奋斗，得到你最想要的成功，才是生命中最赞的事情。

在上大学的时候，由于成绩优异，年底广播站评选优秀编辑，同学们就一致选了我。在拿到奖状的那一刻，我并没有想象中的那么高兴。

一个关系特别好的男生朋友，主动走来对我说着恭喜的话。不知道为什么，我的心里却酸酸的，我没有想到，我们的关系那么亲近，他竟然看不出我的淡然和不开心。

我不知道自己为什么不高兴，只是觉得这些东西不是我想要的，只是当时的自己还不知道自己想要的究竟是什么。

后来，由于学习成绩好，学校老师给了我很多职务，比如团支部书记、班级副班主任、自律委员会成员等，对于这些在同学们看起来牛气哄哄的职务称号，我却觉得放在自己的身上难过得要死。

因为既然担任着这些职务，你就要努力地为之付出。有的时候，我晚上会忙到十来点才回到宿舍，而回到宿舍时，还有学弟、学妹给我打电话咨询问题。在那段时间里，我每天都处于忙碌之中，每个人见到我都觉得我浑身闪闪放光，可是，只有我自己知道我不快乐，我并不喜欢这些虚职占用我太多的时间。

慢慢地，我辞去了几个职务，逐渐把大部分时间用在了看书和学习上。

就在这个时候，我开始了人生中的第一次不算恋爱的恋爱。第一眼见到他的时候，就被他干净、时尚的气质所吸引，而广播站的一次合作则让我们的关系更近了一步。

在确定了关系后，初次恋爱的我们根本不懂得什么叫男女朋友，只是觉得有了这个称呼就比较好玩，我们还是自己看自己的书，各忙各的学习，甚至在确定恋爱关系后，我们见面的次数反而更少了。

每次我坐在固定的自习室里的那个固定的位置上时，他便站在窗户外面看着我，却从不进来打扰我学习。

舍友们笑话我们不像是谈恋爱，仿佛是两个小孩儿在玩暗恋。这场恋爱竟然没有超过两个月就结束了，因为在做更深一步的了解后，我发现他不是我喜欢的那种活泼开朗的男生。所以，就算表面上看着很般配，但实际上并不是自己内心真正想要的，就算他看起来是那么有才，那么时尚高大，可是，他的内在不是我真正想要的，我不想委屈自己。

空闲时间多了，我就开始写稿子，学校广播站几乎每天都会播放我写的稿子，而我也成了别人眼里的才女。

后来，广播站举办了几次策划大赛，班主任让我负责这件事情，我绞尽脑汁地想创意，做文案，为了找灵感几乎通宵达旦地忙碌，只为找到好的背景音乐，只为写出有创意的文案。

经过一周的努力，以及若干次推倒重来的折腾，终于确定好了文案。我和红红从几百首歌曲里找到了搭配文案的最佳音乐。

终于，古典风格的音乐配着我写的那些抒情却有力的句子从广播里传了出来，宛如清澈的泉水流淌进同学们的心里。此刻，我紧紧地握住好友红红的手，泪水浸满了双眸，我的心里充满了巨大的满足。实际上，听到如此好的广播，就算我们拿不到奖，我也觉得自己是真正地成功了。当然，我们毫不费力地进入了决赛。

为了决赛，我们整整地准备了一周。我们这次选择了关于奋斗和进取的话题，而且精选了很多五月天的歌曲，以搭配我们的励志鸡汤式文章。这次，我们取得了更大的成功。当广播里的音乐结束后，所有同学依旧坐在长椅上，鸦雀无声，他们有的在看着天空、憧憬着未来；有的则双手抱臂，以稳定自己翻滚的内心；有的则手舞足蹈，嘴里却激动得说不出话来。看到这个场景，我的内心获得了巨大的满足。正是在那个时刻，我明白了，我的使命和希望就是文字。

从那以后，我对文字更是充满了热忱，仅日记本就写完了好多本。虽然没有前辈的指引，但我在一步一步地向那个目标前行；虽然走得很慢，但我在前进的路上却从来没有后退过。即便前途坎坷，我仍愉悦前行，因为这条路是我所喜欢的，这条路的远方承载着我的梦想。

现实中没有人供着你，你要做到无可挑剔

到了社会上，没有人会因为你的毛病而惯着你，你只有尽力去做到最好，甚至无可挑剔，才能真正地赢得尊重。

一个周末，我清闲地坐在宿舍里看书，小兰过来问我有几个兼职的机会要不要去试一下。娜姐看了我一眼，走过来问道："你不是想做兼职吗？你去试试吧！"

"我行吗？"

我有些犹豫地看向娜姐和小兰，一向暴脾气的凌姐大声地说道："我觉得你真是太懦弱了。你整天忙那些没有意义的事情，还没有真正地接触过社会，我希望你能自己去体验一下！"我看凌姐有些生气了，赶忙答应，但是，我的心里真的不知道自己能否做好。

于是，我利用三天的假期来到苏宁电器的一家连锁店做短期促销员（简称"短促"）。这是我第一次做兼职赚钱。我一早来到苏宁大卖场报到，找到那个专门卖三星照相机的专柜。

"你好，大哥！我是新来的短促！"我看到一个年长的、穿着卖场制服的人站在那里，于是连忙拘谨地向他报到。

"嗯！"他严肃地看了我一眼，仿佛看我气场太过于柔弱，不是很有经验的样子，脸上带着一些失望。

"这是你的工作服，你先去换衣服吧！"

后来得知他姓刘，以后便称他为刘哥，当我换好衣服走到专柜前时，刘哥看了我一眼，便教我各种专业术语，我很认真地记在了心里。

没一会儿，同样是我的上司的李姐也报到了，当得知我是新来的短促时，她的眼睛里全都是不信任。

"难道我就长了这么一副让人不放心的样子？"我暗自下定决心，一定要做出样子来，让他们看看，我并不是一个花瓶，而是一个货真价实的销售人员。

不一会儿，店里的客人多了起来，我开始大声地喊着："降价了！降价了！直降一千！快来看了！……"

一开始，我有些胆怯，声音比较小，引来的客户不多，我的两名上司的脸上明显地不悦。

这时，我们班篮球队那种不服输的精神在我的心里再度生长了起来，既然做了，就一定要做到最好，不能让别人看不起！

于是，我勇敢地放大了声音，再加上自己甜美的笑容，以及还算不错的颜值，终于吸引了不少的人来。

只要把人吸引过来，我和刘哥就开始轮番介绍，我认真地记住了刘哥说的每一句话，以便和新客户交流的时候用得上。在一天的时间里，我竟然卖出了五台相机。当我看到他们的眼神由怀疑变为肯定时，我的内心里非常满足。

一整天下来，虽然我的嗓子累得有些沙哑，长久地站立使双腿也很酸痛，但是我依旧咬牙坚持着。在回到学校里的宿舍后，我发现自己的脚后跟已经磨得血肉模糊了。

在接下来的两天里，相较于第一天要顺利得多，很多客户也愿意跟我多说几句话，以至于刘哥说我超有亲和力，可以走温情路线。然而也有客户蛮不讲理，不把我们这种促销员放在眼里，甚至给我难堪，但是我仍旧坚持了下来。这次体验，让我明白了一个道理，在现实的生活中，没有人会把你当神一样地供着，除非你真的做到了无可挑剔！

记得在工作的第二天，我给客人演示相机时，却被客人大骂了一通。虽然满肚子的委屈，我还是很礼貌地道歉，眼泪不住地在眼眶里打转，但我却不停地对自己说："没什么，这很正常，我很开心，我没事，我很好！"当眼泪终于坚持不住而掉下来时，我赶忙擦净，装着揉眼睛的样子对身边诧异的顾客说："不好意思，感冒了！"接着，我又一切恢复正常，帮客人付款、取货。

所以，无论做什么，起关键作用的不是你固有的能力和知识，不是你现在所处的位置和环境，而是决定于你所选择的方向，一切都归结于两个字，那就是"用心"！

坐在回学校的地铁上，伴着脚底钻心的疼痛，我的脑子里想的都是要认真地从生活的各个方面去学习，不抱怨，不恐惧，全方位地学习，让自己强大起来！

这个世界上没有谁一开始就那么幸运地做自己喜欢做的事、触摸到自己所喜欢的领域的脉络，而人生所有的领域都有相通之处，那就是给你一个小小的机会，你就要对得起这个机会，将该做的都做到，用心学习，做好吃苦的准备，慢慢地摸索自己的道路。

在现实的工作中，你要接触不同层次的人，不是所有人都会向你所期望的那样尊重你，然而这也怪不了别人，除非你真的做得足够好。

虽然这对于我来说很难接受，但我在内心里告诉自己，客人骂你的原因是你不够专业，是你做得不够好，要怪就只能怪你自己没有把工作做到无懈可击。

无论做什么工作，包括光鲜亮丽的白领工作，或者临时的兼职工作，如果你想获得别人的尊重，让自己赢得肯定，那就先做到让别人无可挑剔，就要让自己做得足够好，否则所有的责备和批评也都是对自己不够专业的惩罚。

在正式参加工作后，刚开始，我也因为业务不专业而总是受到上司的批评。但是，从那以后，我便苦练自己的文笔，比如，周末主动在办公室里学习、练笔，慢慢地，我受到的夸奖越来越多，上司的指责也越来越少。

无论我们处于哪个位置，或许我们的第一份工作不是我们梦想中的工作，但是，既然接受了这份工作，就要对得起这份工作，对得起社会提供给你的这个岗位，否则，没有人惯着你，更没有人宠着你，你所得到的将是所有人挑剔和质疑的目光。

让优秀成为一种习惯，让专业成为你的品牌，永远以无懈可击的姿态站立在众人面前，你就会变得无可替代。

不要去讨好别人，只要自己满意就好

你无法做到令所有人都满意，即使你做到最好，仍会有人喜欢你，有人讨厌你。所以，努力去做，做到自己满意就好。

从小时候起，我们就被灌输做一个好孩子，做一个好学生，以便让周围的所有人都喜欢自己，但事实上，总有一些人，无论你好到什么程度，都会看你不顺眼，觉得你还不够好。

人生就是这样，有时候碰到一个陌生人，发自内心地喜欢她（他），而她（他）也同样地和你投缘；有的时候，遇到一个人，你莫名其妙地就是讨厌她，而她也同样讨厌你。就算你可爱、迷人、呆萌，也会有人诅咒你；就算你高冷、美艳、迷人，也总会有人说你是坏女人。你处于社会的底层时，会有人看不起你；但当你靠着自己的努力爬到高处时，又会有人鄙视你。总之，无论你多么完美，总会有人喜欢你，有人不喜欢你。喜欢你的人不会因为你的高冷而讨厌你，而不喜欢你的人，你过度地讨好，反而让人更有机会羞辱你。所以，不要去讨好别人，有些时候只要自己满意就好。

大学时期的我，可以说是一个被"好女孩"招牌绑架的人，周围所有的人都说我是一个好姑娘。所以，我便学着"好姑娘"的样子，天天按部就班、认真地去听课，因为我是"好姑娘"，我得让老师喜欢我。

此外，我几乎什么活动都积极参加，因为我是"好姑娘"，我得让老师喜欢我，让周围所有的人都喜欢我。为此，我从不说过激的话，从不做过分的事情，总是中规中矩地学习和说话，因为我是同学眼中的"好姑娘"。

人人都说好姑娘是弱不禁风的，是需要别人保护的，于是我便一副楚楚可怜，仿佛一阵风就能刮倒的样子。

在别人逃课去找兼职工作、开阔视野的时候，我仍坐在教室里听课；当别人用脚步丈量祖国大好河山的时候，我还坐在自习室里，翻着早已看过很多遍的课本；当别人坐在宿舍里的电脑前书写自己人生中第一部小说的时候，我依旧看着课本彷徨自己的未来；当别人疯狂地追求着自己心爱的男孩子的时候，我却见到暗恋的男孩儿，便拼命地躲起来，不让他看到我，因为我是"好女孩"，不可以主动。

我就被自己如此绑架着，我希望自己是完美的，希望自己是听话的，希望自己所做的一切都是符合常理的，是让老师和同学喜欢的。

然而，这些看似"努力"的行为毕竟不是真正的努力，生命不会白白地馈赠你，我所得到的要比那些放手拼搏，真性情地绽放自己、丰富自己的同学要少得多。

而不喜欢我的人，所说的关于我的坏话，也时常传到我的耳朵里。在那个时候，我很伤心，我原本那么努力地做一个好人，做一个"好女孩"，为什么还是有人不喜欢我？

参加工作后，我依旧是一个好女孩，通情达理，无论见到谁都会很礼貌地打招呼，却发现也有一些人不喜欢我，说我没有什么能力，甚至说我只是知道傻笑，把我说得一无是处。曾经有一段时间，我陷入了长久的悲观之中，我不知道自己究竟哪里做错了。

在这种痛苦的状态下，我给一个远在南方的闺蜜打电话，她在电话那边语重心长地说："傻孩子，就算是国家总统，也不可能让每个人都喜欢。就算是情商很高，就像是林志玲，不也是有人说她的是非吗？做自己就好了，不要过多地去在意别人的眼光！"

后来，我又痛苦至极地给远方的闺蜜打了电话，给她诉说我的遭遇。闺蜜说我太天真、太幼稚，我竟然想可怜巴巴地乞求所有人喜欢我，这是一个多么大的痴心妄想啊！

从那以后，我不再刻意地讨好别人，我不再用"好女孩"的标准来束缚自己，想说就说，想笑就笑，独身去烟台、贵州旅行，和朋友们一起 K 歌到深夜，和朋友们半夜在街边吃麻辣烫，我逐渐活成自己想要的那个自己。

有一天，有个朋友呆呆地看着我说："你啊你啊，我还以为是个淑女，原来是个女疯子！"

直到现在，依旧有人喜欢我，有人不喜欢我；有人夸奖我，有人诋毁我；有人帮助我，有人破坏我；有人爱护我，有人污蔑我；有人一心一意对我好，有人则希望我把路走得越曲折越好！

可是，现在的我已经是我心目中真正的我，是我最喜欢的那个我。既然自认为有颜值，有才情，这么优秀的一个人，让别人说说又何妨？把自己做好，不要去讨好别人，只要自己满意就行。

适当地离开日常事务，放飞心灵去旅行

你多久没有休假了？你多久没有离开日常的工作，放空自己了？人
生需要清理自己的内存，人生需要归零，适当地离开日常事务，你会找
到一个不一样的自己。

周围的很多朋友每天都在忙忙碌碌，就如《肖申克的救赎》里面所
说的，大多数的人要么忙着生，要么忙着死。

经常有朋友嚷着忙死了，忙死了！可我在问他们为什么这么忙的时
候，他们总是说为了换大房子，为了买更好的车子，为了吃得更好……
他们忙碌的原因都是物质上的，却从来没有想过自己真正想要什么。在
当今行业快速更迭的大时代背景下，他们所从事的行业，他们所努力的
行业，在未来五年后，还会给他们提供源源不断的钱财吗？

贾先生在一家大型的事业单位里工作，每次见到他时，他都说自己
快要忙死了。可是，一旦闲下来，他仿佛都是手足无措的样子，仿佛一
旦停下来，就找不到自己存在的意义。他仿佛为那份按月领工资的工作
而忙碌，仿佛这就是他人生中的全部意义所在，他从来没有想过自己是
否还能有更丰富的生活和更多的可能性。

当我问他对未来的打算的时候，他很认真地说没有什么打算，如果
有的话，也就是每天把糊口的工作做好。

当年我问他多长时间没有给自己放假，多长时间没有让自己脱离日常的生活而出去走走时，他憨憨地笑着说单位离不开他，如果他走了，很多事情都没有办法开展。

他已经将自己与单位的这个职位连在了一起，这个职位成为他生活和生命的全部意义所在，如若哪一天，这个单位解散了，他的职位不存在了，那么他的价值感，他的生命又去哪里寻找依托呢？

他让工作填满自己的每一分钟，不给自己时间思考，不给自己留下时间的空白，他看似努力，实则是真正意义上的懒惰。

小米科技的创始人雷军曾经说过，不要用战术上的勤奋掩盖战略上的懒惰，将自己的一生当成一个战场，你需要有战略精神，不仅仅着眼于当前的形势，还要好好对待自己的一生。

就像我的一个朋友，他靠卖酒发家，每天只知道卖他所代理的那个品牌的酒，却从不去钻研酒类市场的发展形势，只知道埋头干活。由于不了解市场发展形势，后来，他所代理的那个酒类品牌的企业破产倒闭了，作为代理商，自然受到了影响，他的家境也就此一蹶不振。

就像现在的房地产行业，和五六年前的行情可以同日而语吗？肯定是不一样的。众所周知，各地的房价，尤其是一线城市的房价，这几年的涨势何其猛烈，甚至几年就可以翻一番。如果你不去了解市场，或许自己辛辛苦苦挣来的钱，还不够弥补这几年来房价上涨带来的差价。

所以，我们的人生需要及时更新知识，紧跟时代的步伐，给自己的生命留一段空白期，因为你只有在独处的时候，才能真正思考当下，才能得到你想要的答案。

记得前段时间在工作上和写作上都遇到了一个瓶颈期，又正好赶上休年假，我便踏上去内蒙古的旅途。

在这样的日子里，我不用想任何业务上的事情，家庭琐事也随着火车的轰隆声离自己越来越远，而自己则将所有的精力都放在了自己身上，自己和自己对话，并将以前没时间看的书也都看完了。

也就在这次旅行中，我完全放空了自己，理清了自己未来的思路，不仅仅是工作的思路，还有今后文字写作的方向。休假回来后，我找到了一条适合自己写作的道路，并决定沿着这个思路走下去。

曾经有一个老板，他觉得自己的工厂已经经营不下去了，也找不到出路了，于是在最后的关头，他给全厂的工人放了假，然后，自己一个人留在厂里打扫卫生。整个厂房里，只有他自己。当把厂房打扫得越来越干净时，他的思路也越来越清晰，最后带领他的工厂走出了难关。

如果你觉得自己已经忙到忘了自己，那就是你该让自己脱离开日常生活，好好地放松一下自己的时候了。

人生的厚度在于过程，在于经历，在于心灵的丰富。所以，一定不要让自己活得那么死板，一定要努力找到丰富多彩的生活，让你未来的一切，都感谢当下在人生战略上认真规划的自己。

将自己的人生适时归零，放飞一下自己的心灵，改变一下生活状态，你会得到意想不到的馈赠。

让我们的生命过得丰富而灵动

把每一天当成末日来过，你会发现，人生需要计较的东西真的很少，要感恩的东西却很多，每个人都应该尽可能地丰富自己的生命。

看《血色浪漫》的时候，我打心底觉得钟跃民这个角色不适合结婚，感觉他是个不靠谱的男人。但是，他又是这么吸引人，有很多的女孩为他动心。他总是不按常理出牌，每次在一个领域取得了一定成就后，便会对这个领域感到厌烦，从而开创另一个领域，也就是他的人生一直都在路上，他对结果不感兴趣，只对自己的人生好不好玩、自由不自由、丰富不丰富感兴趣。他是一个玩跨界玩得比较好的人。钟跃民之所以吸引人，是因为现实中绝大多数人都做不到他那样的洒脱和自由。他明明在军队里面可以有着较好的前途，但是，他却放弃了，因为他还想看看外面的世界。

当他经营的秦岳酒店取得较大的规模时，他却觉得酒店限制了他的自由，于是他又踏上了援藏的历程。

他无论是做学生，还是后来当兵，从事各行各业，他都能够做到这个领域的佼佼者。他抱着一种玩的心态，抱着对生活的极大兴趣，从而让他的每一天都是无可替代的限量版。

现实中，我们或许很少有他那样的魄力，我们甚至巴不得在一个行业里一做就是一辈子，然后一辈子就这样安安稳稳地度过。我们巴不得不要经历任何变动，希望我们的一生没有任何风吹草动，希望我们的一生波澜不惊，甚至还希望一辈子待在一个地方，因为在这里待习惯了，朋友圈和人际圈已经定型了，我们害怕变化，害怕去适应新的环境。只是，这样的话，当我们面对明天，当一切都改变的时候，我们不再适应时代的发展，被社会发展的车轮抛弃的时候，只怕会为自己的懒惰和懦弱而感到后悔和悲愤。

如果明天就是世界末日，我们会不会对自己这一生感到失望？

你那么喜欢她，却每次在见到她的时候，装作满不在乎的样子，甚至在她跟你打招呼的时候，你还越发装得高冷，倘若末日来临了，你不想对着她说声我爱你吗？

你那么喜欢环球旅行，却总是说等退休后再说。可等退休的时候，你以为你就有时间和精力了吗？为什么不把每一天都当成"末日"，并努力地在每个假期去一个旅游景点呢？

你那么想要研究历史，却总是说自己没有时间和精力；你那么想要再去读个研究生，却放不下现在的工作；你那么想要做自己的事业，却总是没有魄力迈开第一步；你说你想要开个理发店，可是然后呢？她说要开个带书屋的蛋糕店，她说要开个最大的女士保养中心，那么然后呢？我们总是停留在想的阶段，如若明天就是末日，你的梦想是不是就只能到下辈子实现了？

如果你连死亡都不怕，那么你还惧怕一点点的改变吗？从现在开始行动起来，如果有梦想，就要尽早地去实现，让我们的生命过得丰盈而灵动，让我们的生命不留遗憾。

不要自我设限，爆发青春正能量

不要自我设限，不要拿"老"字框住自己，只要自信，只要拼尽全力，即便到了三四十岁，你心中依旧是满满的青春正能量。

人们都说三十而立，认为三十多岁的人，就应该每天摸着自己的啤酒肚，说着不黑不白、不清不楚、无棱无角的话，得过且过地活着。三十岁的人生才刚刚开始，按照正常的人生规划，三十而立，事业和家庭都刚刚开始，怎么能那么早就放弃改变生活的机会呢？怎么能那么早就去放弃释放青春的正能量呢？

总公司举行一个大型的演讲比赛，上司让我参加，我打心眼里在打退堂鼓，演讲比赛肯定都是刚毕业的小姑娘们参加的，像我这样三十来岁的人跟她们竞争肯定是不行的。

可是我不敢反驳领导，于是尽力准备。由于自己的文字功底较好，所以稿子是我亲自写的，而且前后改了不下五次。

很多人在旁边不停地说着风凉话，比如说，这都是年轻人的事儿了，咱这三十好几岁的人了，哪有这心气啊！我知道，这些话可能是说给我听的，但是，既然领导把任务交给我了，我就要努力地看稿子，背稿子，暗暗地努力，并且不说一句退缩的话。

因为稿子是自己写的，所以我很快就熟记在心了，每天回到家，我都会对着镜子说了又说，讲了又讲，并且让先生当我的观众，给我提意见。我这个人就是有这点儿好处，虽然我很怀疑这件事情能否成功，但是既然把任务交给我了，那么我就要做到最好。

那天，我穿着黑裙子，白衬衣，扎了个高高的马尾辫，踩着九厘米高的高跟鞋，一副精神抖擞的样子，感觉自己一点也不像已满三十岁的人。但是当我推开门走进汇报大厅，看到那些真正二十多岁的年轻人时，这才发现，那种从内而外的青春洋溢，让我在心里不禁有一阵唏嘘，年龄这种东西不是你想装就能装得出来的。

我拼命地稳住自己的阵脚，找一处位置坐下来，开始静静地观察着所有的参赛选手，面对那些清一色的"90后"，我此时只想溜掉。于是，我给领导发信息："不行，我得走，这岁数差距实在太大了！""你就是得最后一名，也得把这个过场给走完，这是你的任务！"领导回信息道。

我还怕出丑，同事们那些吐槽的话语，仿佛放电影般地开始在我的脑海里回放。

"都这么大岁数了，还跟小孩们争什么啊！哪里还有这个心气儿啊！""人家总公司那个专门学舞蹈的女同事，也都已经开始韬光养晦了，没有参加这次比赛，更别说我们了！"这些话语，在脑海里来回浮现，让我总是有一种想要逃走的感觉。

看到大领导就坐在台下第一排的正中央，我不停地搓着双手，等待命运之钟的敲响。小选手们的声音是那么清脆和充满激情，看到她们时，我不由得想起我和同事们第一年上班的时候，一起去参加一个知识竞赛，我们抱在一起大声地喊着一定要拿第一名；我想起当年的我们，是那么充满青春活力，那么充满着斗志；想起我们当初舍我其谁的表情，想起我们那时凛然的霸气。这才几年的时间，我们才刚刚三十岁，怎么可以这么早就向岁月认输了呢？想到这里，我一点都不怕了，一点也都不想逃了，我只想拿出当年的那个气概去争一把！

于是，我在心底告诉自己：这次一定要代表"80后"与"90后"争个高低！坚定了这个信念之后，我的心情渐渐地平静下来。

当主持人点到我的名字的时候，我站起身来，抬头挺胸一脸自信地走上台。由于参加工作后的前几年里，我也参加过类似的演讲，所以我的经验还算丰富，再加上是我自己写的稿子讲起来比较熟练，还有我那不对"90后"服输的激情，很快，台下就响起了雷鸣般的掌声。

当我看到台下的大领导还有上司嘴角上扬的表情时，我更是获得了超常的发挥。当我走下台时，整个大堂里的掌声不绝于耳。

中国人总是提倡不与他人"争长短"，其实"争"并不是贬义词，争，起码表明有奋斗之心，如果在还年轻的时候，人人都什么也不去争、什么也不敢搏，那么这个世界还有活力吗？

这次演讲让偌大的一个公司里很多上层领导认识了我。我的上司后来告诉我，很多领导在不停地夸奖我，他们说我是经历过大风大浪、见过大场面的人。

听到他们的夸奖，我很开心，更让人高兴的是我向所有的人都证明了：三十岁，我们的青春才刚刚开始，只要相信自己，只要保持积极的心态，我们的青春正能量依旧爆棚。

人生苦短，你要"很生活"

"很生活"，最初看到这个词，是在一篇文章里，那是作者对一个女孩的描述。我当时很诧异，不明白"很生活"这个词竟也可以拿来形容一个人。我想象不出那是怎样的一个形象。

有一天，我去玉的宿舍里玩。午夜十二点多了，芬在打游戏，一副就算世界坍塌了她都不会知道的神态。玉和苇守着一大堆零食，津津有味地吃着。苇自豪地跟我说，他们就是这样"很生活"！我忽然间明白了，很生活讲的是一个人沉浸于某种生活的细节中，很融入于生活的一种动态的画面和状态。它代表着人们的心不飘浮，没有对未来的焦虑，也没有对过往的纠结，而是真实地沉浸在当下，享受当下的生活。

虽然外面还在大雪飘扬，冰天雪地，可是屋子里是美食、游戏、闺蜜，其乐融融，我第一次切身地体会到我们很生活。

既然我们有这样的条件，就一定要好好生活。因为有一些人，他们根本无法感知这一切，尤其是这种绚丽多彩的生活。记得在上大学的时候，我去救助过患自闭症的儿童，我在那里待了整整一天，照顾一个六岁的患病孩子。他的眼睛里看不到光芒，仿佛对这个世界充满了无知和冷漠，他们只会四处奔跑，然后大声地喊叫。我真的好心疼那些孩子，可是，除了定时去照顾他们，其他也就无能为力了。

相比较而言，我们有着最美好的一切，还有什么理由不去努力生活呢？从照顾完自闭症孩子之后，我们便决定要更加开心地生活。

第二件事情是，每周在玉的宿舍举办一次书评大会。记得在发表《活着》那本书的书评时，我们各执己见，争得面红耳赤，现在想来，那个时候的我们真是仿佛有着指点江山的魄力。

第三件事情是"吃货大聚会"，即在每周一的晚上，我们去大吃麻辣烫，而且总是一边吃着，一边笑着，辣得眼睛直流眼泪，我们依旧乐此不疲。

我们还有很多很多的倡议，然后按部就班地一个一个去实现。毕业后，我们各奔东西，都在努力地生活着。

玉毕业后当了一段时间的背包客，每到一个地方，她都会给我们邮寄明信片。

而苇更是活得自由而美好，她一年四季都在各地旅游，每到一个地方，她总是选购当地最有民族特色的衣服，然后穿在身上，走在街头巷尾，仿佛从遥远的时空穿越而来的样子。

而其他人更是过着既能朝九晚五，又能以梦为马的生活，他们有时走进生活里，有时又处于生活的边缘。

而我则每周都要做一大桌子私房菜，拍成照片，然后传到我们的QQ群里，让她们干着急。

我们几个人都遇到过暂时性的困难，但我们坚信，如果我们好好生活，善待生活，生命肯定会厚待我们。沧桑终将远去，美好的会更加美好，让我们很生活，将生命活成一场盛宴。

把自己活成女王

把自己当成爱人来对待，好好地爱惜自己，疼爱自己，保护自己，
你值得拥有世界上最为美好的爱。

这两天看电视，发现如今的电视剧越来越倾向于"后宫斗争"的题
材，看了之后心底不免深深地悲哀，为那些宫女，也为那些皇帝。为那
些宫女悲哀的是：一生中把自己的青春耗费在宫廷斗争的事情上，并为
此而丧失良知。最可悲的是，斗到最后即使胜利了，享有了一切，却并
不知道自己已经失去了内心的纯净、善良，以及对自我的定位，取而代
之的是浮华、虚荣和表面的名贵。或许这是那个时代的局限，也是当时
社会的局限。

从表面上看来，皇帝是悲剧惨案的制造者，其实，皇帝也是最大的
可悲者。因为他成了后宫嫔妃欲望价值的载体，仰望恭维的背后，隐藏
更多的是想要战胜其他嫔妃的私心，而皇帝却完全被她们所左右。之所
以如此，是因为他对谁的爱都不彻底，才使后宫斗争的温床得以存在，
并使得深宫之内处处冤魂哀鸣。

如今，往昔沉重的历史之门已然关闭，也将那些荒谬的悲惨故事湮
没到了历史的长河里，现在的女孩不必再受深宫之苦，也不必再将自己
的价值体现建立在对别人的掌控上，从而可以更多地去探寻自己生命的

意义，更多地去开拓自己的生命内涵。我们所要做的，只是在这个只能走一次的人生中，可以尽量地去演绎自己的人生，可以尽量地去经历、去承受，让自己变得勇敢和坚强。

然而，现实中很多女人给自己的定位，依旧是仰赖于丈夫，仰赖于某种虚荣。

那天去医院看望表姐，看到有一个女人从医院的顶楼跳了下来，听周围的人说，是因为她的丈夫有了外遇，而她则选择了这样一种决绝的方式作为了结。

听到这里，我真的很为她感到悲哀，既然丈夫出轨，已经将你推向了最卑微的境地，你又何苦再如此逼自己呢？他不爱你，不疼惜你，如果你自己再不疼惜自己，那你自己该有多么的委屈呢？

我见过很多这样的女孩，一旦确定了恋爱关系，就一切都以男朋友为中心，总是把所有的爱都放在对方身上，不懂得给两个人留一点儿空间，以便留些爱来好好地爱自己。

现代女性虽然承担着和男性一样的生活压力，却还要承担起照顾家庭、照顾双亲、照顾孩子的重任。她们被工作和生活的压力沉重地压迫着，她们努力地付出着、奉献着，却独独忘记了好好地爱自己。

你只有好好地爱自己，才会吸引别人来好好地爱你。

记得有一年七夕节，先生请我吃饭，就我们两个人，他却点了一大桌子的菜。我心疼钱，不停地和他唠叨，一直将他唠叨烦了，他便赌气说再也不和我出来吃饭了，我这才发觉自己有点太过分了。

不管怎么样，他在七夕节请我吃饭，是出于对我的尊重和爱。他努力多点些菜，好让我吃得高兴，可是我却为了省钱，跟他整整吵了一个晚上，这让他多么伤心。

从那次以后，我们一起出去吃饭，我再也不多嘴了，既然他乐意，咱就美美地享受美味吧，这样的话，自己既吃得痛快，先生也高兴，何乐而不为呢？

的确，如果你自己都不尊重自己，总是认为自己只配廉价的菜品和廉价的衣服，那么时间长了，或许他再也不会把你当回事。

女人很容易有圣母心，就拿我们喜欢的男人来说吧，我们女生总是会被有点忧郁的男人所吸引，那些被坏男人欺骗了的女孩，一般也都会因为坏男人说和自己的老婆没有了感情，于是这些女孩就怀着解救他们于水火之中的热忱投入爱的陷阱。

女人总是很容易去爱别人，一股脑地希望把自己所有的爱都给别人，却唯独总是忘记了爱自己。天冷的时候，给先生和孩子买一堆新衣服，自己的衣服却还是几年前的。给先生和孩子花钱出去玩从来不心疼，一牵扯到自己，却马上打退堂鼓。有个很好的女伴给先生买衣服，动辄上千元，可是自己，一百元开外她都觉得贵，更别说高档化妆品了，所以，她和先生之间容貌上的差距也越来越大。

我不明白高工资、颜值不算差的她为何如此亏待自己，为什么不把一部分精力和钱财投资在自己的身上，当你把自己变成女王，有了分分钟灭掉对手的能力的时候，谁还敢亏待你？

阿欣就是将自己活成女王的典范，她嫁入豪门，住着别墅，开着小车，却不放弃对自己的追求。她的精力充沛，无论是事业还是家庭，她都能高标准地完成所有的事务。在单位里，她月月拿全能冠军；在家里，孩子从小都是她亲自带大，她在洗衣做饭方面也是高手。

除了能够高效率地完成单位和家庭的事务，她还活得很傲娇。她平日里花自己的工资买高档服装和高档化妆品，按照她自己的话来说是，即便丈夫抛弃了她，她也仍然能够靠自己活得特别好，所以，她与丈夫之间是平等的，如若他有半点不好，她也会和他摊牌，从不委屈自己。既然自己那么好，连自己都不舍得欺负自己一下，凭什么让别人欺负呢？她总是这样笑着说。

她的丈夫本来是一个纨绔子弟，在她的调教下也慢慢地变成超级奶爸，还在家里学着做家务。

每次看到她美得跟朵花似的走在路上的时候，我总是暗自感叹：女人就是要爱自己，让自己活成女王，活成那个无可替代的自己！

避开诱惑，你会得到更好的生活

人生中有很多坑都是自己挖的，想要活出最好的自己，就要避开诱惑，遵守上帝的戒律。避开诱惑，你将收获最好的自己。

那天走在回家的路上，一股特别具有诱惑力的香味扑鼻而来，我环顾四周，发现有一个摊位正在出售美味的鸡叉骨。看那锅里的黑油就知道是垃圾食品，可是，我还是被它的香味诱惑了去，还有几个美女站在那里等待着属于她们的鸡叉骨。

"这是垃圾食品，你吃这个干吗？赶紧走吧！"先生在旁边催促我，而我却挪不动脚步，一副非要买的样子。我当时想一定要吃到，反正一年吃不了几次，我表示非吃不可。

于是我买了五元钱的鸡叉骨，提在手里，开心地和先生回家了。"闻起来是很香啊！"先生边走边说。我忙把装着鸡叉骨的袋子抱在怀里，生怕鸡叉骨被他抢去。

回到家时，我迫不及待地一口咬下一个鸡叉骨，心里原先的高期望瞬间碎了满地，那么多的孜然粉、辣椒粉、五香粉都掩盖不住肉里的一股怪味道。

吃了几个后，就觉得满嘴是油，肚子里还有种很不舒服的感觉，心里不由得对自己抵挡不住诱惑的意志力表示非常不满，甚至整整一个晚上都在担心自己会不会吃坏了肚子，最后担心的事情还是发生了，我一夜拉了三次肚子。

我们在现实中会面临很多这样那样的诱惑，这些诱惑都有着美丽的假象，令我们欲罢不能。实际上，如果你把持不住自己，任由诱惑主宰自己的行为，那么掉坑里和后悔则是早晚的事情。

然而当你费尽心力地得到以后，你才会发现，原来美丽的外表下面是乏善可陈的内在，这时，你不仅要硬着头皮走下去，还要忍受无比的痛苦和折磨。因为你若后悔，在心里就会对自己抵抗不住诱惑的灵魂感到可耻，这种折磨是非常痛苦和难堪的，而一切都是你给自己挖的坑，是你未能抵挡住诱惑的结果。

一个男人有着美丽贤惠的妻子，听话懂事的儿子，然而他却被一个年轻的女孩蒙住了双眼，忘记了自己有儿子有妻子的现实，和那个年轻女孩厮混在一起，最后还迫不及待地与妻子离了婚，娶了那个年轻的女孩。

然而，真正和那个年轻女孩过起日子后，他才明白自己犯了多大的错误，儿子从此和他反目成仇。此外，那个年轻女孩不会做饭，不会洗衣服，不会做家务，只会拿他的钱财去挥霍，而他每天看着乱糟糟的家，还有连口热饭都吃不上的可怜的自己，终于想念起了以前平凡而朴实的妻子。

可是，这个时候就算他想回头，还回得了头吗？只能硬着头皮过下去，哪怕生活对他来说已经成为折磨和煎熬。

无独有偶。一个富二代，本来拥有丰厚的家底和贤惠的妻子，却和朋友学着去赌博。一开始的时候，他总是赢，觉得这样来钱快，于是便迷上了赌博，可是，天底下哪里有那么好挣的钱，一来二去将家里败了个精光，老父亲一辈子积攒的财产全被他赌了进去，还背负了几百万元的赌债，最后落了个家破人亡的结果。

天下从来没有免费的午餐，就算是有，那也是被用来考验人的欲望的。如果你经不住诱惑，贪图小便宜，那么迟早会掉进欲望的坑里。试问，将自己的生活过得乱七八糟的人，哪里还有余力去追求自己的事业和梦想呢？

说到这里，我忽然想到了一个故事，有一对老夫妻，他们非常贫穷，特别渴望拥有能够吃饱喝足的生活。有一天，天使对他们说，我可以让你们过上衣食无忧的生活，令你们不必每天为生计而发愁，但是有一点，我在桌子上扣着的碗，你们不能打开，如果打开了，那么一切就会消失，你们也将变得一无所有。

遵循天使的话，这对老年夫妻过上了衣食无忧的生活。可是他们在每天吃饱喝足之余，却对那只扣着的碗充满了好奇心，终于有一天，老头对老太太说，不就是只碗嘛，我们什么都有了，只是看看碗里扣的究竟是什么又有什么关系？于是，他们翻开了那只碗。没想到的是，那只碗里空空如也。这时，天使出现，将给予他们的一切又都收走，这对老夫妻又再次过上了穷苦落魄、一无所有的生活。

其实，这在一定程度上折射出人们抵挡不住诱惑的结果。人生中，有些东西是坚决不能碰的，有句俗话说，"好奇心害死猫"，就是指这些不能控制自己欲望和诱惑的人。当你触碰了一些看似美好的东西时，最后不仅什么都得不到，而且会让你失去现有的一切，也让你无法集中全力去做你真正喜欢做的事情。因此，我们要避开诱惑，去追求真正属于自己的美好生活。

好好说话，会让你的努力事半功倍

无论是在日常生活中，还是职场工作中，好好说话，把话说好，会使你的处境越来越好，使你做任何事都能获得事半功倍的效果。的确，像我们这样努力的人，如果输在不会说话上，岂不可惜？

一天，我去参加一个同学聚会，同学晓淑见到我后先是寒暄了一阵，然后大声地吐槽："你这是买的什么衣服？看起来档次这么低，你干吗不买大气点儿的衣服呢？咱们也不年轻了，不要总是装嫩！"

晓淑的一番话，使我一口气憋在嗓子眼里没有发出来，呛得自己直咳嗽，然后我赶紧拿手捂住自己的嘴，让自己看起来淑女一点儿。没有想到，她看到我染的枣红色的指甲，又开始吐槽："哎呀！亲爱的，你这指甲的颜色太难看了，看起来好像酒店的大堂经理！"一向温文尔雅的我实在忍不住向她呵斥，也着实吓了她一跳。接着，她把吐槽的重点又放在了别人的身上。

一顿饭下来，整个桌上的气氛都让她破坏得趣味索然，她却大声地说着："我这人啊，总是这样心直口快，我就是刀子嘴豆腐心！"

大家出来吃一顿饭，就是为了图个开心，像这样的找碴儿实在让人觉得心里不舒服。怪不得有人说，晓淑在单位里的人缘极差，因为她在说话方面从不在乎别人的感受，因而得罪了不少人。虽然大家嘴里不说什么，但在心里还是对晓淑也有很大的成见。

实际上，晓淑的日子也过得特别不好，跟婆婆一家人总是吵架，丈夫也是不省心，在外面拈花惹草。其实，她个人能力还不错，干起工作来又很细心，我们觉得她之所以落得现在的下场，差不多就是她那张"刀子嘴"惹下的祸。

这个世界上有很多人标榜自己"刀子嘴，豆腐心"，并以此为荣。他们时常会说，我就是这个样子，直来直去，我没有什么坏心眼儿，我就是这样说话。

说话，在古代可是一门很大的学问，"谨言慎行"更是老祖宗给我们留下来的金玉良言。现代社会，人人都有自己的生活态度，谁又喜欢被人没事儿噎着玩呢？

好好说话是一门学问，我觉得一个人能否好好说话，至少反映了这个人的人生态度。的确，一个人总是满脸笑呵呵，喜欢说笑又懂事，这样的人谁不喜欢呢？

只是现在很多人都标榜自己是"小刀"，即"刀子嘴豆腐心"，而且说话时口无遮拦，忽视他人的感受，而且还认为这是一种美德，并将此作为对自己的一种夸耀。那么，这种做法真的好吗？

在古代，很多人因为"说话"而招致杀身之祸。在现代，或许没有这么严重，但是，不会说话、乱说话、不分对象地胡说八道，会给你的人际关系留下不必要的负面影响。

一日，有几个同事在中午的时候出去吃饭，同事 A 对同事 B 说："哎呀，你看，就你邋遢！咱们女人可不能邋遢，要不然就会没人疼没人爱！谁不希望自己的女朋友美丽漂亮，带出去有面子啊！"

她这一句话不要紧，同事 B 因为她的话整整烦了一天，回去后不停地问别人自己是不是真的邋遢？直到所有人都说她不邋遢，而且很漂亮、有女神范儿后，她才如释重负，但是却狠狠地诅咒了同事 A 一番。从此，B 见了 A 不理不睬，就算是点头也是冷着脸不说一句话。

其实每个女人都喜欢说自己漂亮美丽，讨厌那些没有眼力见儿的家伙，就算是再好的关系，或许也经不起对方过分直白的批评。

或许朋友 A 会说我这都是为了她好，为了她变美变漂亮。但是，你完全可以用一种更为恰当的方式，而不是用一种别人根本无法接受的方式，给别人增加苦恼，结果也不利于你维护人际关系。

相比较而言，还有一些会说话或者是说话比较委婉的人就比较受欢迎。海棠平日里话不多，但是说话的时候，总是喜欢看到别人的闪光点，发现他人身上的优点。于是，所有的人都喜欢跟她说话。她的爱人阿凯开了一家小商店，她经常在店里帮忙。她平时很爱笑，很有亲和力。无论是大爷、大妈，还是年轻的小伙子和女孩子，她都能说出让人高兴的话来。所以，很多人都喜欢来她这里买东西，她也给这家店赢得了很多顾客，小店的生意也变得特别火爆。在这家小店的门口，经常能看到一些顾客面无表情地进来，离开的时候却都是一副喜气洋洋的神态。

一开始，阿凯并没有意识到小店的生意好是因为海棠，直到海棠回家乡生孩子待了很长时间。在这段时间里，顾客们每次来店里，都会问海棠去哪里了，什么时候回来。因为海棠婆婆的家在乡下，婆婆住在城里感觉不太方便，所以海棠决定整个产假期间都待在乡下的婆婆家。后来，海棠一直不回来，那些顾客竟也少了很多。

阿凯这才意识到会说话的海棠原来就是自己家小店的"财神爷"，他慌忙将她从家乡接了回来。慢慢地，小店里又开始了笑声弥漫的时光，小店的生意也越来越好。最后，海棠干脆直接辞掉工作，专心和她的爱人阿凯一起打理这份属于他们自己的小事业。不出几年，他们的生意越做越大，在市里开了好几家分店。阿凯无论去哪里都会带着海棠，因为她总是能带给人一种朝气蓬勃的生机感。

有的人在背后说海棠太虚伪，说话总是捡着好听的说。替海棠打抱不平的人在听到这些话后，就把这些话告诉了海棠，而海棠在听后只是会心地笑道："我觉得说好听的话也是一种布施，你的话能让这世界上的人多一份快乐，多一份微笑，这不就是在积功德吗？"

所有力量都是相互的，你给这个世界注入了美好和爱，那么这个世界也终将回报给你美好和爱。

第四章

打造属于自己的光和热，
自己暖才是真的暖

在人生的旅途中，认真地爱自己，使自己盛开。同时，爱别人，享受奉献的快乐，找寻属于自己的爱情，给自己最美好的感动和最幸福的生活。

你若盛开，蝴蝶自来

其实对别人过多地付出和奉献，就是对自己的残忍，与其乞讨别人施舍的爱，还不如自己给自己满满的爱，让自己丰盈而美好，才能有余力爱别人。

女人总是喜欢付出，总是喜欢自我牺牲，总是想把自己当成圣人的样子，以此来要挟先生、孩子或者他人对自己的爱，可是，这种乞讨的爱会持久吗？时间长了，别人也只会麻木不仁，甚至产生厌恶。不如将大把的时光放在自己的身上，和自己的内心平和地相处，让自己变得丰盈而美好，当你自己足够好的时候，美好和爱都将属于你。

一个很好的姑娘打电话给我，哭了很久很久。她是我见过的最善良的女孩，居家爱家，是典型的贤妻良母。她和我们最大的不同，就是她每天的工作重心和心思都放在经营家庭上，整天想着怎样把屋子收拾好，怎样让先生和孩子吃得更有营养。她每天忙于帮先生熨烫衣服，陪孩子写作业，做辅导，日子忙碌而充实。只是，她把所有的时间都聚焦于生活琐事，却不会检讨自己已经多久没有看书学习了；她会对儿子的衣服洗得是不是干净而纠结，却不想想自己已经很久没有听歌了；她会对先生的衣服是否熨烫得板正而格外注意，却不会想自己已经好久没有练过瑜伽了。

结婚前的她是典型的美女，身材高挑，浓眉大眼，一头披肩的长发，宛若仙女一般，又别具生活气息。而结婚后的她，将所有的精力都放在了家庭和孩子的身上，放弃了自己的形象，一心一意料理家务。岁月如梭，家里的房子越来越大，车子越来越好，她也越来越忙，包括忙着打扫大房子，忙着修剪院子里的杂草，忙着给先生和儿子更好的照顾，而原来美丽的她，现在却变得臃肿而脸色无光。

我们总是劝她将更多的时间放在自己的身上，不要那么傻，不要总是那么卑微地付出。的确，付出本没有错，只是要有个度，无论如何，你都该爱自己一点儿，否则那么可爱的你，难道心里就不委屈？

然而，她总是觉得，自己只是在家里忙碌，先生在外面打拼才是最辛苦的，所以给先生买衣服时总是好几件地买，而她自己却总是舍不得买，我们都不免心疼她。

事情发生在前几天，先生洗澡的时候，他的手机响了，她拿过来一看，上面是一条短信："亲爱的，你给我打的钱我收到了，我马上去买我喜欢的那条链子，到时候戴给你看啊！"

她浑身颤抖起来，手机也摔在了地上，她崩溃地坐在地上，不敢相信自己的先生是这样的人，她一直觉得自己生活在最美好的童话里，却没有想到电视剧里的剧情会发生在自己的生活里。

她曾经也是个骄傲的人，是美丽无比的姑娘，她为了丈夫、为了孩子变成现在的这个样子，这让她自己都觉得可悲。

她不想质问，只是觉得心疼，她将手机放回到他的桌子上，离开了房间，来到小别墅的空屋子里。

她不想吵闹，不想声张，只是因为自己什么都没有，而且还有孩子，她不想离开这个家庭。

她只是自己坐在房间里，任泪水流淌，任心如刀绞，任撕心裂肺，她静静地发信息给丈夫，让他去送孩子上学。

他昨夜洗完澡见她不在，也没有找他，而收到她的信息后，他随即打过去电话，她则关了机。

她从窗子里，看到他开车带孩子离开，他竟然连每个房间找她的耐心都没有，当初追求她时，那个曾经对她百依百顺的男人到哪里去了呢？她不由得万念俱灰。

看着镜子里的自己，心里越发为自己感到悲哀，自己省吃俭用，最后自己的男人却把钱拿去给别的女人挥霍。她觉得自己真的是傻到了家。她明明已经感觉到他对自己的不耐烦，以及对自己厌恶的眼神，可为什么就没有想到呢？

但是，现在的她还不能离开，好多年没有工作了，她不知道自己能不能胜任一份工作，所以，她觉得必须等自己准备好了以后再离开。

于是，她开始了长久的反省，决定开始自己新的生活。她报了健身班、瑜伽班、英语班、写作班等学习班，每天将自己的生活安排得满满的。她请了个钟点工收拾房间，只是一日三餐照样由她自己来安排，因为她得保证孩子的营养水平。

每天早起时，她迎着初升的太阳晨跑，她仿佛看到了自己年轻时候的光芒，而健身的效果也是显而易见的，半年下来，她身上的赘肉掉了几十斤，身材又恢复到了以前的曼妙程度。

她还学会了化淡妆，学会了穿适合自己身材的衣服，学会了得体大方的微笑，学会了每天美美地和我们这些朋友聚会聊天，在她觉得自己的状态恢复得差不多的时候，她找了一份工作。

她怀着谦卑的学习心态慢慢地适应和学习，不计辛苦地和年轻人一起从头做起。很快，她得到了不少男人的青睐，但是她都以自己已婚为由而拒绝。

对于自己先生的背叛，她觉得自己也有不可推卸的责任：结婚后的她安于现状，从来没有去提升自己和爱护自己，从而离以前的自己越来越远。

如果换成是自己，或许也会选择离开自己。所以面对他时，她并没有过多地指责，而是慢慢地修炼自己，爱自己，保护自己，经营自己。因为，只有你爱自己，别人才会给你有尊严的爱。

现在的她，想偷懒时，就给自己放个假；想吃甜食了，就去买；想去旅游了，就把孩子丢给父母和公婆，自己一个人去旅行；还经常去看各种画展，自己试着学习画画和写作，她觉得日子过得充实而幸福，渐渐地，她呈现出久违了的魅力与气质。

长期的旅行和多样化的生活，让她有了很多的朋友，包括一些蓝颜知己。她的先生也对她的变化表示惊讶，原本他在外面找的那个女孩就跟她年轻的时候非常相像，当他看到变化后的她时，仿佛看到了青春年少时候的她。于是，他向她表示要回归家庭。她看着他，优雅地点了点头，她不是不想追究，只是，她想再给自己和他一次机会。

现在的她终于明白，每一份爱都不是无缘无故的，也不是一劳永逸的，你必须努力地修炼自己，提升自己，让自己时刻处于进步之中，无论事业还是爱情，都要好好地学习，好好地修炼，让自己永远都具备不败的竞争力。朋友，好好地爱自己，你若盛开，蝴蝶自来。

找一个真正爱自己的人结婚

无论你是谁,无论你美丽还是平凡,无论你身份高贵还是平庸,总会有那么一个人爱你如生命,给你生命里最美好的一切。

有一句话说得好,就是生命里的每一个阶段都有你该做的事情,认真做好每个阶段应该做的事情,你的人生就不会太差。

现在,有很多家长视儿女自由恋爱为洪水猛兽,非要等他们大学毕业,找到了好工作后再考虑儿女情长的问题,殊不知,这样的想法有时会耽误儿女的一生。

身边就有很多一直都不谈恋爱,到想要找的时候,却发现好女孩或者好男孩都被人抢走了。

大学时光是一个人的青春岁月里最为美好的时光,这个时期相爱的人在很大程度上只是单纯地为了爱,并不考虑太多的现实因素。他们由于感情基础牢固,就算是遇到问题,也会选择慢慢地走下去,而经过相亲结婚的夫妻,婚姻的基础相对薄弱,往往经不起婚姻中的风雨。

如果你真正想要了解一个人,就要和对方交往上一段时间,让爱情经受一下时间和风雨的考验,这样的爱情才能够长久和幸福。

很多人说,结婚后的他不再是原来的那个他了,那么结婚前为什么不去好好地认识这个人呢?很多人说,都是父母安排的,跟我没关系。

可是，婚姻是你自己的事情，幸福与否都需要你自己去体会。

所以，找爱人，千万不要只看背景，一定要看这个人是不是适合你，是不是真的努力上进，因为家庭背景不是一成不变的，可是，人的价值和优秀的品德是可以伴随一生的。

找一个爱你的人，他（她）会给你一个有爱情的、安静平稳的家，会让你把所有的精力都放在自己专注的事业上，他（她）会是你事业成功的基石，会是你最为坚强的后盾。

所以，找一个真正爱你的爱人是一件非常重要的事情，它事关你人生的后续发力，关系着你心境和情绪的平稳。

大学时期，我一直在寻找能够陪伴自己一生的人，很多人见了我都会说这样的一句话："我听说差不多有几个连队的人在追你啊！"

每到这个时候，我都会很平静地说："我也听说了，但是，我一个人影都没有看到啊！"

那个时候就是这个现状，或许有很多人跟别人说过要追我，但是，却没有人愿意付诸行动。也有的男生很可爱地提示我，他们经常做的就是给我一个光盘，或者让我听一首歌曲，然后腼腆地告诉我，如果有哪个男生给女生听这样的歌曲，那么就证明这个男生喜欢她。

在大四的时候，我收获了自己的爱情，他符合我的所有的要求，霸气、认真、孝顺、有能力，唯一没有的就是丰厚的家底和强硬的背景，甚至连一般的背景都没有。然而我却发现，这个男人仿佛就是上天给我定做的另一半，我的每一个缺点，都对应着他的一个优点。

比如我特别的马虎和迷糊，我的外号就是小迷糊，而他则清醒并细心谨慎；比如我特别不懂得拒绝，有一种圣母的心态，而他总是能直接替我拒绝很多不必要的事情；比如我总是希望周围的人认为我是个好人，而他却总是能坚持做自己；比如我总是很焦虑地担忧着一个又一个还没有发生的事情，他却总是能够专注于当下，认真过好每一秒；比如我和父母的沟通有很多障碍，而他总是能够直击要害，无论和谁都能沟通得特别好；比如我的原则性不强，而他总是按照原则办事，不怕别人说他古板。还有很多方面，他总是能够弥补我的缺点，而我也从他的身上学到了很多东西。

出于担心我跟他以后受苦，我们的恋情遭到了我父母的反对。而从小总是习惯于听父母话的我，却第一次反驳了父母的意见，坚持跟着他。最后，父母拗不过我，终于同意我们在一起。我们就这样仓促地结了婚，结婚的钱也都是他借来的，这意味着，我们一结婚就要不停地还债，然而我对此并不担心。由于他在外地当区域经理，而我则在家乡，在结婚这件事情上我已经违背了父母的意愿，我不能离开父母同他去远行。

而他为了我，选择了辞职回到家乡陪我。记得那天，我接了他的电话，他在电话里说："现在的我很潇洒，什么都没有了，什么都不是了。我离开了自己奋斗多年的行业，我舍不得它，舍不得我的同事，可是为了我的你，我什么都舍得。现在的我什么光环都没了，一无所有，只为了我的老婆。"

那个时候我觉得自己真的很自私，非要他陪在自己的身边。他为了我放弃了奋斗了多年的地位和行业，为了我放弃了自己的事业，回到这个他不喜欢的小城市。他心里有不舍，却还是毅然地做了决定。

跟他在一起到结婚，他总是让我踏实和感动。他一直在包容我这个总是长不大，总是慢半拍的孩子，走到哪他都惦记着，怕我受欺负，怕我遇到什么事情因做不好而不开心。

他总是给我买很多东西，而他自己的衣服却总是那几件，刚开始的时候我很不理解他，而且任着自己的性子来，以自己为中心，还觉得他很小心眼，甚至为了点小事就跟我吵架。慢慢地，我理解了他，他总是觉得我是个孩子，我跟谁在一起都不放心。

跟他在一起的时候，我总是给他闯祸，比如把所有的插销都弄坏，洗菜的时候看见虫子就给他打电话喊"救命"，我把他们办事处里没有钥匙的门给锁上等。每在这个时候，他总是无奈地笑或者生气，可是还是给我买一大堆吃的东西放在我面前，让我不要担心，他会搞定。

他总是事无巨细地替我想好所有的一切，所以在离开他的时候，我经常手忙脚乱。我经常连储藏室的门都不会开，还要打电话问他怎么开；我还常忘记电动车的钥匙放在了哪里，并且要打电话去问他。总之，我在离开他的时候，会觉得一切都是那么不习惯，我也才发现原来他是那么惯着我，什么都不让我操心，什么都不让我管。

他当时辞职，我知道那是他下了很大的决心，做出了很大的取舍。这是因为，他离开的是自己干了很长时间的行业，那是他曾经取得很多成就的地方。回来后的他，刚开始根本没有任何立足之地，但是他依旧决心陪着我，不放弃和我在一起。我们慢慢地经营自己的家庭，经历了无助、彷徨、退缩、坚强、前进，也经历过很多心理斗争，最后我们明白，爱情和婚姻都是一样的，挺住就意味着一切。

无论多么困难，我们都挺住了，我们都不放弃彼此，才拥有了现在平静和平凡的每一天。正是感情生活的安定，才给了我们对于各自事业的巨大冲劲，以及充满能量的每一天。

因此，无论美与丑，无论成与败，都要找一个真正爱你的人结婚，这将是你一生中最正确和美好的事情。

适时地修复你的内心，做一个爱自己的人

　　身体的强健与否，很容易辨别，而内心的强大与否，只有自己才能
知道，别人很难甄别。拥有强大的内心，你会看到世界的美丽。

　　人生总会有一些时候，一些事情让你的内心脆弱，甚至崩溃，让你
怨天尤人，牢骚满腹，只看到世界灰暗的一面。因此，我们总需适时地
修复疲惫伤痛的内心，以便再次看到更美的景色。

　　现代社会，人与人之间的距离由于社交工具的普及而空前地拉近。
可是，人们内心的距离却日益疏远了。我们每日紧张地忙碌着，被各种
各样的压力、恐惧和焦虑充斥着。如若不能适时地修复内心，那么它总
会如一个定时炸弹一般，随时准备将你炸得粉身碎骨。

　　那么，怎样才能让自己的内心归于平静和祥和？

　　我曾经看过一个视频，看完后哭得不能自已，不仅为了那个身亡的
警察而哭，还为视频中那个风华正茂的年轻男子而感叹，他本应该灿烂
一生，却为了偷一辆几万块钱的车子，毁了自己，也毁了另一个家庭。

　　在很小的时候，他的母亲就离开了他，他的父亲则一直在外面打
工，因此，他从小就跟着爷爷奶奶一起生活。他那颗缺乏爱的心，造
成了他的叛逆和对整个社会的不满，由于他的堕落，最后发生了为偷
一辆车子而杀害警察的事情。

　　读到这里，我们以为这个年轻男子真的是丧尽天良。然而，当他看到被他杀死的警察的老父母哭得死去活来的样子时，他掩头痛哭了起来。因为他也想有父母，他也希望有父母爱他、疼他。后来，他在视频中忏悔，他说不是因为别的，而是看到被他杀死的警察的父母伤心，以及那个警察留下的没有人照顾的小女儿。

　　可见，每个人都有着善良的一面，如果那个年轻男子能够学会自我救赎，及时调整自己的心态，或许会使自己的命运朝着一个更好的方向发展。

　　我从小就和爷爷奶奶生活在一起，平日里除了过年过节根本见不到父母，待和父母在一起生活的时候，我已经九岁了。

　　在此之前，我对父母没有特别的印象，和父母一起生活后，我一度觉得自己不是亲生的，自己在这个家里是个外人，还觉得自己不被认可，不被接受，觉得自己不被喜欢，不然他们也不会不要我，将我扔在村里跟着爷爷奶奶过。我从小就沉默寡言，患得患失，说一句话，要想一天是不是正确，会不会惹人不高兴，每天活得特别累。长大后的我，依旧特别不自信，特别不敢接近别人，而且总是觉得别人不喜欢自己。

　　有一段时间，我特别容易悲观，总是觉得自己抓不住身边的人，觉得身边的人迟早会离开自己。这种悲观的情绪深深地影响了我，以至于每次有朋友或者恋人离开我时，我总会告诉自己，你看，和你想象的一样吧，他们都离开你了。直到我遇到现在的先生之后，他始终没有离开过我，我才慢慢地恢复自信。

　　我总是喜欢生活在幻想的生活中，不敢面对真实的生活，因为我害怕，我恐惧，担心身边的一切会迟早离开。我时常想，如果没有真正的清醒，那么在一切都离开我的时候，我应该不会感到痛吧？我如此麻醉自己之后却发现，我在将自己推向越来越深的旋涡。

当我看了很多书时，才渐渐地明白，生而为人，你必须为自己每一分每一秒负责，而不是一直活在幻想里，只要你认真地活着，做好当下的自己，认真解决问题，严肃处理问题，充分地依靠自己，很多问题和困难根本没有你想象的那么难。在经历了很多困难，解决了很多问题之后，我对自己越来越有信心。因此，要相信自己，并不断地学习，结果就一定不会糟，别人所拥有的，你自己也一定会有，即使没有也不会过得比别人差，而且最为美好的一切，也会在或近或远的地方召唤着你。

人生在不同的时刻，会出现不同的状况，我们要把握时机，适时地修复自己，好好地和自己沟通，及时地抚平心灵的创伤，填补自己的缺憾，不要寄希望于他人，甚至你的父母。请记住，你的孤独，你的自省，你的学习，你的修炼，终究会成就一个强大而美好的自己。

爱，不是同情和可怜

有些爱，既然明知道没有结果，既然明知道会有糟糕的后果，那么就要做到自爱、自尊、自重，远离那些虚无缥缈、昙花一现的爱。

在女性成功的道路上，什么是她们的绊脚石？其中一个重要的因素是感情。感情是每一个女人身上的弱点，即使再强悍的女人，在面对男人那看似真诚、实则虚情假意的告白和追求时，都会怦然心动，即使有些怀疑，但还是恋恋不舍。

最近看了几个栏目，都是关于女孩子被坏男人残害的题材，特别让人跌破眼镜的是，一个男人竟然同时和十多名女子保持"恋爱"关系，最后还将她们的钱财全都骗光。受采访的那些女孩，大都事业有成，看似精明无比，却还是被骗子骗得团团转。他们不仅欺骗感情，而且还会将被骗的女孩子的生活弄得一团糟。

小金是一个很漂亮且大方能干的女孩，最近却非常苦恼。因为工作的关系认识了一个"多金男"，他经常和她联系。他事业有成，说话幽默风趣，而且很懂得小金的心思，仿佛他就是小金肚里的蛔虫。小金觉得自己真的被这个男人吸引住了，但苦恼的是，那个男人已经有了家室。不过他总是向她抱怨自己和妻子的感情已经名存实亡，小金的善心也被这个装作可怜的男人"催醒"，便一心想要解救这个"不幸"的男人。

　　于是，两个人的关系急剧升温。在一次驱车到郊区玩的路途中，由于两个人边开车边在车里打闹，结果没有看清路上的行人，便将行人给撞了。行人是这条路上附近村子里的人，看到本村人被撞，于是村民们一拥而上拦住了他们的车。

　　两个人被众人围了起来，直到警察来了将他们两人抓走，村民才罢休。这个事件被传得沸沸扬扬，甚至传到了"多金男"妻子的耳朵里。于是，"多金男"的妻子便不停地去小金所在的公司里大闹，本来这季度就要荣升为主管的小金，也被公司通报批评并给予开除。

　　结果，顶着被众人戏谑为"小三儿"称呼的小金，在当地实在混不下去了，就辗转多个城市，过着颠沛流离的生活。然而，让她痛苦的不仅仅是生活上的艰难，更是在他的妻子见到她时所说的话："你以为你是他的真爱？告诉你吧，在他的身边，像你这样的女孩多的是，你只是其中之一！他连跟你们发微信的内容都是一样的，如果不相信，我把他的手机给你，你自己看吧！"小金当时拿过手机，这才发现，很多信息，竟然是他群发的！她原本以为自己是他的真爱，却不料自己不过是他"撒大网钓大鱼"计划中的一条鱼罢了！

　　每每想到这里，小金的心都会痛到无法自已，甚至精神上一度崩溃。的确，这是她自己没有抵挡住诱惑，没有认清真正的爱和虚假的爱的区别，最终将自己的生活搅得天翻地覆。

　　一次，我看到一个十七八岁的女孩正在厮打一个三十岁左右的女人，那个女人并不还手，只是站在那里任由这个女孩厮打。

　　原来，这个甘愿被打的女人是女孩父亲的第三者，女孩父亲正在因为这个女人跟她的妈妈闹离婚。

　　然而，女孩的父亲曾经骗这个女人说，自己已经和妻子"离婚"了，他完全不顾及自己是已婚男的身份，疯狂地追求她。当她逐渐接受这个男人的追求时，她却被这个男人的女儿视为第三者而遭追打；这时，那个自称已"离婚"的男人却不管不问这个受了这么大委屈的女人。

可见，面对爱情，我们要学会理智，学会辨别"爱"中的是非与真假，无论什么时候，我们都要有一个清醒的头脑，要自尊、自爱，不要轻易接受一份沉重的爱情，更不要把我们的善良随意泼洒，真正的爱是执着的、长久的、安全的、踏实的，是经得起岁月和风霜考验的。

爱自己，就是追求自己内心深处的渴望和目标

在你找到目标的那一刻，人生才算是真正的开始。所以，只要有目标、有梦想，而且一直在不懈地努力，就不要着急，一切都还来得及。

古人总是说"三十而立"，这使得很多在三十岁的时候还没有事业基础的人总是感叹。其实不必感叹，感叹的是很多人一辈子都不愿意睁开眼睛看看，什么才是自己真正喜欢的。所以，一个人应该追求自己内心深处的渴望和目标。

就像李鸿章在三十五岁的时候，还只是在曾国藩幕僚中负责写文书的，但这并不阻碍他后来成为著名的外交大臣；他还兴办洋务，建立了中国第一支海军，主持建造了中国第一条铁路。他的一生虽然饱受争议，但是他在自己的能力范围内，将自己的才能发挥到了极致。

左宗棠在四十多岁的时候，还只是一个师爷，后来，他成立了近代中国的第一个造船厂和第一家纺织厂；面对当时危机四伏的边疆形势，他率领大军毅然收复了新疆。

不管历史对他们后期的评价如何，他们都在当时的历史环境下，为国家贡献了自己应有的力量，也实现和升华了自己的人生价值。

的确，在晚清时期，国家内忧外患，一个人要想为人民多做些事情，只能勉力而为，即便如此，朝廷的内耗也常使得他们的抱负受到掣

肘。比如，清末甲午战争的失败，缘由何在？是北洋水师的官兵之中没有人英勇作战吗？未必。当时北洋水师提督丁汝昌，"致远"舰管带邓世昌，"定远"舰管带刘步蟾，"经远"舰管带林永升等人，无不战斗至死，甚至以身殉国，很多士兵也是战斗到最后时刻。他们的勇敢无畏，重创了日军。可以说，那场战争的失败，是由于晚清政治上的高度腐朽。

如今，历经沧海桑田，我们所处的时代环境越来越好，不仅经济活跃，而且日益注重对个体潜力的尊重与发掘，每个人都有更多的机会获得成功。尤其是现在身处互联网时代，每个人能够更好地做自己，包括做自己喜欢的事情，并从自己喜欢的事情中收获喜悦。

比如，喜欢写作的人，写着博客，写着豆瓣，不经意间就成了畅销书作家。这方面的代表人物如著名作家张嘉佳等。

还有喜欢讲故事的人，可以开通一个微信公众号，专门给人讲故事，然后将这些故事集结成册，这方面的代表人物有著名主持人罗胖子（罗振宇）的《罗辑思维》，著名主持人王凯的《凯叔讲故事》，他们都在用自己喜欢的方式，做着自己喜欢的事情，然后影响和改变着世界。

其实，最让我感动的互联网项目是"可汗学院"。创办可汗学院的人是个了不起的小伙子，叫萨尔曼·可汗，今年39岁，他的家里很贫困，是从孟加拉国到美国的移民。他凭借自己的努力考上了麻省理工学院，拿到两个本科学位，还在哈佛大学拿到了硕士学位。

他有一个小侄女叫纳迪亚，她的数学成绩一直不好，要求可汗给她辅导功课。由于他们不在同一个城市，可汗就通过互联网教纳迪亚学习数学。可汗把课程讲得生动有趣、概念清晰，纳迪亚的数学成绩也得以快速提高。后来，不少人请可汗辅导他们孩子的数学功课。经过可汗的辅导，这些孩子的数学成绩都得以直线上升。

后来，可汗觉得一对一辅导的效率太低，便做成视频，放到互联网上，供大家免费观看。于是，可汗回到家就躲进衣帽间里，把自己关起来，然后拿摄像头开始录制视频。可汗的视频生动有趣，将小学到大学的数学课都讲了个遍，共计4800个视频，全都免费传到网络上，供孩子们像打游戏一样学习数学。

他的视频取得了巨大成功，点击率接近万亿次，累计有4800万人观看。在美国，已经有2万多所学校，上数学课时，老师已经不再讲课，而是让学生观看可汗的教学视频，老师只负责答疑。

在"可汗学院"获得极大成功之后，很多风投机构找到可汗，给他10亿美金的报酬，希望他注资成立公司，对视频收费。但是，他拒绝了，他只接受捐助，而不收费。他说：我就是要做免费教育，一旦收费，很多发展中国家的孩子不就看不起了吗？我想象不出，我生命中有任何一种方式，能比我现在活得更有意义。

随着"可汗学院"引起的关注度增高，微软、谷歌等十分看好"可汗学院"，并给予他巨大的捐助，可以说，"可汗学院"正在引发一场普惠理念的教育革命。

基于可汗的影响力，可汗一度被选为《福布斯》杂志的封面人物，登上了《福布斯》。可汗正是在做免费教育的过程中，实现了自身的价值，帮助更多孩子喜欢并爱上了数学，甚至在一定程度上改变了美国的教育，他本人也成为名副其实的"数学教父"。

所以，每个人在起初往往不知道自己的目标和价值追求所在，但不要着急，只要你不改初心，命运终将指引你走上属于自己的寻梦之旅。或许艰辛，或许会有挫折，但只要你爱自己，找到自己内心的渴望和适合的目标，你就一定能够成就自己。

打造属于自己的光和热，自己暖才是真的暖

真正的暖，在于你自己的内心，不要向外索求，充盈自己的内心，让自己温暖如春，那么你终将收获人生明媚的春天。

最近这几年，暖男盛行，大批暖男出现，不管哪个年龄阶段的女性朋友，仿佛对暖男一下子充满了渴望。女孩们希望自己遇见的那个男人，也能像电视剧里的暖男一样，在下雪的时候给自己买炸鸡和啤酒；在清晨时给自己做好一顿丰盛的早餐；在自己悲伤时，能够极力安慰自己。

一个有着"公主病"的女孩，或许是看偶像剧看多了，再加上自己性格上的怯弱，面对现实中的很多困难和问题，总是选择逃避，并渴望有个人能帮自己解决，如果解决不了，那么问题就留在那里好了，反正她自己也不去解决。

说实话，我一度特别喜欢暖男，觉得暖男能够全方位地照顾女人的感受，无论从生活上还是从精神上，都能满足女人所有的要求，并把女人照顾周到。我更是将这种需求感全部指向我的爱人，希望他能给我足够的爱，包括足够的照顾和关怀，如果得不到，我就会觉得很失落、很受伤。

我希望在自己生病的时候，他能够悉心地照料我；我希望在工作上遇到困难的时候，他能像超人一样帮助我；我希望在自己想要什么东西

的时候，他能够第一时间来送给我。可是，令我失望的是，我的那个男人是个百分之百粗心的大老爷们，他对我才没有那么细致入微的洞察力和周到的关爱。当我每次在单位里被老板批评、心情极度不好时，回到家里跟他絮叨，希望能够得到他全方位的安慰，而这时，他不仅没有安慰我，反而站在我的老板的立场上批评我，最后还来句："自己做得不好，还埋怨老板骂你？有你这唠叨的时间，不如好好反省自己究竟错在哪里。"

每当这个时候，我就会特别生气，心想：这是个什么人啊？连个安慰话都不会说，要是自己的爱人是个暖男该多好！的确，这样粗线条的男人，不会在你生病时在你的身边嘘寒问暖，不会在你生日的时候制造浪漫和惊喜，不会那么温柔与体贴，不会给你煲电话粥。看着电视上的那些暖男，我总是觉得自己好可怜，没有找到一个暖男当爱人。时间长了，我这埋怨气有了，和爱人之间吵架的次数也就越来越多。后来有一次，我和久未谋面的闺蜜絮叨，叹息为什么自己没有找到一个暖男当爱人。闺蜜听后，在电话那边笑了。

"我说宛小姐！你没有看到冯唐写的那篇文章吗？女人和男人是平等的，我们不能要求他们像对待孩子一样对待我们。还记得我们已经过了总是幻想自己是迷路的公主的年龄了吗？就算你是迷路的公主，你也不能保证有王子来救你。如果想要温暖，还是让自己的光和热来温暖自己吧！在这个世界上生存，无论是男人还是女人都活得不容易，我们凭什么要求压力同样大的他们像哄孩子一样来哄我们呢？"

闺蜜拥有闪闪发光的人生，她在大学四年的时间里，根本没有谈过一次恋爱，也没有听她说过她对哪个男生感兴趣。有一次，我问她，你为什么不去找一个男人来照顾你呢？她拿着书敲敲我的头，然后坚定地说道："我可以照顾我自己，我要找的不是照顾我的人，而是和我一起奔跑的人！"终于在毕业后，她找到了那个和她一起奔跑的人，在北京有了他们的事业，并安了家。

煲完电话粥后，经过很长时间的思考，我终于明白了一个道理。爱人不是圣人，他也有他难过的时候，他也有他心情不好的时候，他也有工作上遇到困难的时候，我怎么能够要求他二十四小时不停歇地把精力放在我身上呢？

我们寻找的人生伴侣是自己人生路上的伙伴，我们的关系应该是平等地相互扶持着走完人生，我们没有资格要求他们像自己的父母一样时刻为我们的错误埋单，并且为我们的各种情绪负责。其实，即便是父母也根本无法做到时刻温暖你受伤的心，以及为你人生的种种行为负责，我们的人生还是要靠自己经营和淬炼。

其实，由于觉得爱人不是一个"暖男"，而引起我的生气和失望，并不意味着是他出了问题，实则是我自己的问题。我把自己全部的人生责任、全部的人生目标都推在了他身上，这让我忽略了自己是一个成年人，我也应该对自己的行为负责，应该对自己的成长负责，而不应该把成长的心全部寄托在他人身上。

即便一开始，他作为一个暖男宠着你，惯着你，什么都为你负责，可是，早晚有一天在他累得不行的时候，会选择放弃你。

妙音是一个看起来很无奈的女子，以至于她逢人便说自己丈夫的不好。当我们真正接触久了才知道，妙音自从结婚后，无论是做饭、打扫卫生，还是照顾孩子，都是她的丈夫在做。她宛若一个公主一般，在家里什么都不用管，什么都不用做。可是，时间长了，她的丈夫却变得爱酗酒，变得不想回家。

后来才听说，她的丈夫觉得很累，无论是外面的事情还是家里的事情，都是他一个人在支撑，恰好在那段时间里，他在事业上遇到了人生中最大的瓶颈，内外压力之下，他变成了那个样子。

的确，对女人来说，被男人当个孩子般地哄着或许很美好，可是，这种不对等的关系，早晚会导致一个不好的结局。就像妙音，或许在刚结婚时，由于爱情的激情还未褪去，丈夫每天做这些活也不会觉得是种负担。但是，当生活越来越平淡，日子越来越冗长，生活越来越疲惫时，他们之间的关系可能就会出现危险的裂痕。

后来，经闺蜜的介绍，我看了冯唐老师那篇关于暖男的文章后，真的从心底获得启发，也为自己之前因渴望"暖男"而故意向爱人找碴儿感到愧疚。是的，每个人都是一个独立的存在，我们不应该把自己的人生寄托在暖男或暖女的身上，而是应该用尽全力发掘自己，尽力尽责地让自己做到梦想中的那个样子，用力去打造属于自己的光和热，绽放属于自己的光芒。

无论是谁，我们都应该尽力去爱自己，去多方面地丰富自己，去健身，去修心，去赚钱，去学习新的知识，因为只有你自己温暖了、强大了，你才有能力和自己的爱人互相温暖。

在这个世界上，无论是男人还是女人，我们在世间无不接受着种种考验，我们都有伤心、迷茫、疲惫不堪的时候，只有和自己的爱人同甘共苦，才能保证爱情会走得更远。

认清自己的位置，实现人生最重要的跨步

无论显贵还是落魄时，我们都应该保持低调和平淡，时刻保持清醒，不好高骛远，也不要自卑气馁。每个人在出生时，上帝都赋予我们不同的天赋和秉性，认清自己的位置，即使平淡的人生也能幸福绵长。

辛苦忙碌了整整一年，眼看就要十二月份了，于是打算给自己放个假，让自己过一段不用赶稿子，不用熬夜码字的生活。我想，处于这种悠闲的状态，一定会让一个人的心情温婉而美好，即便说话也肯定是口齿含香。

然而，事实却不是这个样子，在我给自己放假的一个月里，我发现自己无所事事，整日吃了睡、睡了吃，并没有变得气定神闲、口吐莲花，反而变得斤斤计较、婆婆妈妈。我总是动不动就跟同事生气，跟爱人发飙，有的时候甚至会得罪客户。

面对镜子，我不由问自己：这还是那个人见人爱，花见花开的宛沐清吗？怎么成了一个小泼妇呢？同事和爱人都抱怨我仿佛更年期提前。我也不太明白，按理说，我在这一个月里，几乎没有看过书，没思考过问题，没赶过稿子，没熬过夜，为什么脾气却变得如此暴躁？在这样安逸的生活里，我不是应该变得温柔而娴静吗？

对此，我越想越不明白。后来，朋友买了一些书，他自己一个人看

不过来，便根据我的阅读口味，挑了其中几本书拿给我看。

当时，我正好忙完了工作上的业务，便看起了这几本书。书的内容很杂，我就随意地在这儿翻翻，在那儿翻翻，但是不知道为什么，在看书后的一个小时里，我明显地觉得自己那颗焦躁的心安静了下来，说话做事也变得有章法了很多。

我忽然明白了此前听过的一句话的含义："一日不读书，无人看得出，一周不读书，说话大老粗。"

我这时明白了一个道理，一个人在读书的过程中，能够让自己慢慢地清醒，能够对自己身边的事物有清醒的认识；对照书中的人物，还能够看清自身所处的位置，而不是让自己随意膨胀。

实际上，一个人一旦看不清自己所处的位置，一旦不能保持清醒，就有可能让自己的生命走偏。当一个人在态度上和行动上同步走偏时，就有可能给自己的人生带来不必要的麻烦。

在接下来的日子里，闲来无事的时候，我还看了一部热播剧《琅琊榜》。在看完这部电视剧后，我同很多人一样，对梁武帝任由奸臣诛杀陷害功臣而不管的做法颇有微词。但是，我从梁武帝和梅长苏的对话中可以看出，祁王和林帅被杀还有其自身的一些原因。

梁武帝说："林燮拥兵自重，这是事实。朕派去的人，他一概旁置，只重用祁王的人。出门在外，他总是说什么'将在外君命有所不受'，朕怎能姑息？还有祁王，他在朝野笼络人心，在府中清谈狂论，连大臣们的奏本都言必是祁王之意。朕何容得？他既是臣又是子，却在朝堂之上，屡屡顶撞朕，动不动就天下、天下，你说，这天下是朕的天下，还是他祁王萧景禹的天下？"

从这些话里，我们可以看出，无论是祁王还是林帅都犯了大忌，那就是太过于傲气，以致功高震主，伤了皇帝的颜面，逼着皇帝起疑心。祁王的灭亡完全是他自身的原因导致的，就算是职场中的普通人，往往在被老板随意地说两句时，都会心里不舒服，更何况面对的身为九五之尊的皇帝，当着群臣的面不时地顶撞皇帝，试问，皇帝的心理极限会有多大？即便是皇帝早就想把皇位传给你，你也应该低调不要抢皇帝的风头才对。

而祁王却不知道避嫌，以他皇长子的身份本就显眼，却还和拥兵自重的林帅私交甚好，这更是犯了封建王朝时期的大忌。此外，林帅也显然表现得过了头，不仅拿"将在外君命有所不受"的借口不听皇帝的话，而且连皇帝派去的人也都不重用，显然不懂得拿捏君臣关系间的分寸，相反只是重用祁王派来的人。这不明显给皇帝一个警示，那就是林帅和祁王"图谋不轨"吗？试问，在封建王朝，哪个皇帝不对此心存芥蒂，又怎会等闲视之？

凡事有因必有果，可以说，祁王和林帅的所作所为将自己送上了绝路。于是，梁武帝默许谢玉和夏江谋害林燮统帅的赤焰军和祁王。祁王和林帅或许没有逆反之心，可是他们的行为却彰显出他们不支持梁武帝，甚至想要早早地接替梁武帝的皇权。对此，作为封建王朝至高无上的一个皇帝，梁武帝又会做出怎样的选择呢？

梁武帝做出的选择几乎是历史上每一个皇帝都会做的选择：既然没有逆反之心，那就应该做好人臣和人子的本分，替君分忧，将功劳让给君主，而不是将所有的贤名都给自己，让君王落得个昏庸的恶名；否则就在一定程度上危及了皇权。

当梁武帝问梅长苏"这天下究竟是朕的天下，还是他祁王萧景禹的天下"时，梅长苏避开了祁王，直接答道："这天下是天下人的天下。"

是的，梅长苏避开了问题的关键，回答很机巧，一句"天下是天下人的天下"，的确是句大实话，可是掌握天下的人是梁武帝还是祁王呢？这显然也是捅到了梁武帝心里的痛点。

或许祁王确实有治世之才，林帅也只是钦佩祁王的才略，可是当皇帝还在位的时候，作为统兵一方的将帅，就表现出唯祁王的命令是从，某种程度上来说，也是将祁王逼向绝路；再者，林帅拥兵自重，不听皇帝的派遣，也必然引起梁武帝的疑心。

历史上，每一个帝王都会对手握兵权的将领有所提防，尤其担心士兵只听将帅而不听君王的命令。历史上，不乏一些将领对国家有不小的功劳，结果却不得善终，一个重要原因是"震主"而不自知，结果自取灭亡。可以说，晚清的曾国藩可谓是"功高震主"的将帅里少有的善终者。这里面的重要原因，是低调、谦虚、谨慎。比如，在剿灭太平天国后，不等朝廷下诏，曾国藩就主动请求裁撤湘军，避免朝廷对他生疑；即使在领兵作战时，面对朝廷的任何旨意，曾国藩也都是慎重对待，绝不和皇帝直接顶撞，采取能让皇帝接受的方法。此外，曾国藩更是避免和朝中任何党争扯上关系，只是专心做事，努力把事情做好。可见，曾国藩的为官之道、为人之道还是值得今人借鉴与学习的。

其实，让一个人的头脑经常保持清醒状态的一个不错的选择，就是常读书，检点自己的言行，不走极端，低调做人。当你让自己的上司、同事或者客户心情舒畅时，也往往是你顺风顺水之时。

所以，做自己人生的智者，只有认清和守住自己的位置，才能实现人生中最重要的跨步，才能更快地成就那个闪闪发光的自己。

探索新的领域，开创自己的黄金时代

每一次努力绽放，每一次挥汗付出，都是为了未来的你在回忆往事的时候，不为自己的懈怠而后悔，不为错过机会而痛心。你要不断探索新的领域，开创自己的黄金时代。

世界那么大，每个领域都有着迷人的风景，趁着自己还有精力，就要多多体验一番，不要将自己封锁在一个固定的领域。

曾遇到身边的一些老年人，他们在年轻的时候或许没有拓展过自己的视野，也没有丰富自己的知识和生活，在年老以后，除了一些生活琐事，仿佛再无其他要做的，好像在他们一生的经历中，没有什么可回忆的故事。

可以理解，老一辈人还生活在物质极度匮乏的年代，他们每日都在为生计而奔波，精神生活方面的确少之又少。这使得一些人步入老年阶段后，面对顿然闲暇的时间，仿佛难以找到自己某种钟情的爱好，比如书法、写作、吹拉弹唱等。

现在，我们的物质生活条件已获得极大改善，可以有较多的时间和金钱来追求更加丰富的生活，比如，不要自我设限，为自己探索新的领域，促进自己更加全面地发展。

生活中，有的人觉得自己是个喜欢安静的人，认为自己做不好运动类的项目；有的人觉得自己属于活泼型的人，认为自己难以安下心来进行文学创作；还有的人总是觉得自己天生就不是做某种事的人等。其实，这都是人们给自己画的一个框框，将自己困在里面，走不出来，就这样自我封闭，整个人也就被困在其中。

我报了一个瑜伽班，给我们授课的瑜伽老师长得美丽大方，她那苗条的身段和标准的动作随着音乐的节奏而舞动，浑身散发着优雅的魅力。我们都被老师的表情和动作所折服，休息的时候，令我颇感为惊讶的是，这个老师已经四十一岁了，之前是一名普通的车间工人，由于热爱瑜伽运动，便投身进入瑜伽行业。

刚开始的时候，她只是在瑜伽馆里学习，并且在自己家里不断地练习。由于她练得特别到位，瑜伽馆的老师就让她带着其他学员一起练。慢慢地，她开始有了一个大胆的想法，那就是辞掉工作，带着自己的积蓄去北京找专业的老师学习瑜伽。

在北京，她一边学习，一边出去授课。待她学习完后，钱也挣了不少，于是她便想着自己开瑜伽馆。

她回到小城开始实施自己的计划，并向亲戚朋友们借了些钱，开了家瑜伽馆。

后来，她的瑜伽馆越做越大，一直经营到现在这个涵盖住宿、美容、健身、瑜伽等多功能的养生馆，而她也成了人人羡慕的女强人。

这就是勇于尝试的力量，如果不是她当初勇于尝试，果断地辞去在工厂的工作，破釜沉舟般地来北京寻找她的梦想，她也不会有现在的事业。

诚然，从本质上来说，她是一个平凡的人，但由于敢于突破自己，敢于凭着对梦想的热忱去探索生活中无限的可能，最后获得了成功。其实，很多名人的成长过程与此相似，他们原本有着自己的生活主道，却勇敢地在主道的某个分岔口处开辟出一条幽径，然后毅然地通过这条幽径找到了属于自己的光明大道。

比如，日本著名小说家村上春树，原本经营酒吧生意，由于喜爱文学创作，后来他将酒吧转让给别人，并专心投入写作之中。他创作的长篇小说《挪威的森林》在 1987 年出版后，截至 2012 年，已在日本畅销 1500 万册，这部小说后来引进到我们中国，仅国内简体版在 2004 年时，销量已达 786 万册，赢得了读者的广泛喜爱；还有日本著名的小说家渡边淳一，他本来是医生，后来转而从事专业的文学创作，他的代表作有《失乐园》《遥远的落日》等，他本人还荣登作家富豪榜；还有我国著名的童话作家郑渊洁，他在参军退役后当过工人，凭着对儿童文学的喜爱开始创作童话作品，由他创作的《舒克和贝塔》《皮皮鲁和鲁西西》等童话作品可谓影响了中国几代人，他本人也多次被选入作家富豪榜。

他们都是忠于自己，为自己而活的英雄。他们不甘心将自己囚在一个熟知的领域里一辈子，他们希望用自己有限的生命，闯出一片更加丰富多彩的天地。趁着一切都还未成定局，趁着一切还来得及改变的时候，请把握住自己的未来，将命运控制在自己的手里。

走一条属于自己的路，更易活出你的精彩和魅力

不要总是幻想重复别人的路，最好走一条真正属于自己的路，即使这条路一开始就荆棘丛生，甚至遍地荒芜，但是你要知道：你将是这条道路的开拓者。

黄色的树林里分出两条路，每条路看起来各有风景，但我在同一个时间里只能选择走其中一条路。我在那个路口久久伫立，向着其中一条路的远方放眼望去，直到它消失在郁郁葱葱的森林深处；我又看了另一条路，发现它的前方十分幽寂，甚至看不见终点。经过反复思索，我选择了第二条路，并在这条路上坚定地迈开脚步。

生活中，很多人喜欢热闹的场面，然而倘若按照自己的意愿选择一条幽静的道路，则需要一个人能够耐得住寂寞和孤独。的确，选择一条人迹罕至的道路，注定在前方会有更多的未知数，但是对于很多人来说，这又往往是一条属于自己的道路。

所以，年轻的时候，要逐渐培养自己的定力，不要盲目去凑热闹，不要在熙熙攘攘中迷失自己，要选择一条幽静的小路。你要相信，如果你足够努力，足够坚持，一定会迎来属于你的美好。

比如一代音乐大师莫扎特，他出生于奥地利一位宫廷乐师的家庭，从小就被誉为神童。莫扎特的音乐之所以被广为流传，是因为他的音乐

作品和传统宫廷音乐的风格完全不同，有着别具一格的魅力。虽然莫扎特的创作之路走得异常艰辛，但他却为后世留下了巨大的财富。他的一生异常勤奋和辛苦，共创作了 754 部音乐作品，他与歌剧《唐璜》的乐队指挥库查尔兹在一起散步时说："那些以为我的艺术是得来全不费工夫的人是错误的！我确切地告诉你，亲爱的朋友，没有人会像我一样花这么多时间来思考作曲，可以说，没有一位名家的作品我不是辛勤地研究了许多次。"

这说明，无论是谁，无论一个人有多么高的天赋，无论选择什么样的道路，都要以勤奋地付出作为后盾，只有这样，才能够获得应有的成就。

出生于宫廷音乐家庭的莫扎特，如果他满足于宫廷音乐的现状，停止对音乐的创新，他或许可以子承父业，继续老老实实地做宫廷乐师。然而，他选择了另外一条路，凭着对音乐的狂热，开创了一种新的音乐风格，并最终成为欧洲最伟大的古典主义音乐家之一。

朋友小苑，名牌大学毕业，长得漂亮，不仅通过了司法考试，还考上了公务员。然而，后来令人跌破眼镜的是，她放弃了被人们视为捧着金饭碗的工作，开了一个专门从事文字工作的工作室。周围朋友都不理解她的做法，并对她说："开工作室的风险多大啊？要是赔钱了怎么办？"她却认真地说："我去单位实习了一段时间，可是当我看到那些同事的脸上全是僵硬和每日被关系所累的疲惫时，我特别害怕自己也会变成他们那样，说实话，我不想过那种将自己的一生全都寄托在那点儿死工资上，且毫无尊严地活着！"

她总是双眼放光地说要找到一条真正属于自己的路，不想那么年轻就被拘束起来，她认为无论如何都要拼一把。几年过后，她的工作室做得风生水起，她不仅实现了自己的梦想，还为我们树起了一个标杆。

朋友小珊，大学毕业后没有找到合适的工作，她并没有随便找一份工作来落脚，而是回到家乡在网上卖睡衣。朋友们都说她傻，说她应该"骑驴找马"，先找份工作干着，然后慢慢地找别的机会。然而她并不这样认为，她觉得凡事各有利弊，开网店未必比在一个大单位里打工要差到哪里去。所以，她毅然地回了老家。

一开始，老家里不知情的人对小珊的父母投以同情的眼光，认为他们养了一个没有用的女儿，觉得老两口子辛辛苦苦供她上完了大学，结果连个工作都"找不着"，还得回到家里来"啃老"。听到邻居们的议论，她的父母也是整天唉声叹气。

后来，小珊的父母发现女儿收拾出一间屋子，专门存放货物。老两口觉得好奇，进屋打开这些货物一看，里面全是各式各样的睡衣，原来女儿要在网上卖睡衣。

一年之后，让所有人跌破眼镜的是，小珊用开网店赚来的钱，给父母装修了房子，还买了一辆车，并招聘工作人员，她自己则拿出大把的时间去学习和游玩。

在她的带动下，全村几乎家家都开起了网店，甚至四五十岁的农民在小珊的带动下，也学会了在网上做生意。小珊所在的那个村，很快成为县里致富的典范。

的确，小珊的一个小小的念想，一份小小的坚持，竟然能给全村的人带来那么大的转变，仔细想来，她觉得很幸福。原来一个人思想和思维的影响力，竟比钱财上的施舍来得更加有效。

有的时候，人声鼎沸、人潮涌动的地方，并不一定适合你的成长，适时地走一条看起来人迹罕至的路，或许更容易走出你的精彩。

学会止步，才是更好地爱自己

人生最大的成功不是赚了多少钱，而是拥有自己喜欢的事业，并且修炼好自己的品格。世事变幻，一切都瞬息万变，唯有养成自身优秀的品格，才是送给自己的最好礼物。

很喜欢《大学》里面的一句话："知止而后有定，定而后能安，安而后能虑，虑而后能得。"从这句话里，我们可以看到，知道止步与最后的得到是因和果的关系。

知道在哪里止步，是一门很重要的学问。人生如果只是一味地往前走，任由自己的欲望膨胀，比如看到官位想要，看到美女想要，看到钱财想要，那么最后，很可能会落到一无所有的境地。

我们普通人不知道止步，不知道自律，不知道决绝，不知道在适当的时候放弃，结果给自己日后的失败埋下深深的伏笔。

比如小溪，她原本有一个美好的家庭，公婆对她好，先生更是将她照顾得无微不至。有一次，小溪带同事回家吃饭，由于先生炒了一盘她一向不喜欢吃的芹菜，她便皱着眉头对先生说："你难道不知道我不爱吃芹菜？"听了她的这句话，她的先生赶紧把炒好的芹菜放到一个橱柜里，又忙跑去楼下重新买菜，给她重新做饭。看到小溪的老公如此在乎小溪，小溪的同事不免对小溪充满了羡慕之意。

然而，拥有一个如此在乎自己的老公，小溪却不懂得珍惜，反而在另一个男人的追求面前，忘记了自己是有家室的人，结果出轨，背叛了她的先生。后来，小溪被她的先生一家赶出家门。这时，那个第三者插足的男人为了躲避责任不知所踪，心灰意冷的小溪不由陷入了一个悲惨的循环之中。在得知小溪的事情后，小溪的父亲也因此受到刺激，不久突发心脏病而死。

现在的小溪，变得很堕落，或许以此来逃避良心上的不安。说实话，她的人生之牌本来挺好，比如她长得漂亮，工作也不错，原先的老公一心一意地对她好。然而，她在欲望面前却不知道止步，最后将自己的人生搞得一败涂地。

可见，人生中有很多陷阱是自己给自己挖的，包括在欲望的泥潭里逗着自己玩，最后前功尽弃，任性地将自己一步一步送入深不见底的命运旋涡。

其实，要想修炼好在欲望面前止步的定力，首先要明确自己的人生目标和知道自己想要什么。当一个人有着明确目标的时候，即便面对诱惑，也会及时让自己止步。因为他（她）知道，再走下去就会和自己的目标背道而驰了。

阿超是一家小公司的老板。一天，一个很早以前的朋友找到他，说现在有一个很大的项目，能够一下子赚到很多钱，如果做得成功，还可以轻松地赚到上百万元。但是，这个项目是一个政策性的项目，需要你自己先投钱，然后再从客户那儿根据手续来领钱。阿超觉得整个项目虽然看似诱人，但却需要多个部门不停地审批，如果没有雄厚的资金实力做后盾，那么资金链条很容易断掉，后果则不堪设想，于是阿超果断拒绝。阿超的另一个朋友却一股脑地投入很多资金，结果由于客户那里的审批手续出现问题，应付他的钱到不了账，他自己前期垫付的很多钱也没能收回。这次投资失误几乎将他拖垮，他此后的日子过得很是艰辛。

相比较而言，阿超并没有在利益面前被冲昏头脑，而是谨慎地分析了自己的风险承受能力，不抱一夜暴富的心态，脚踏实地、兢兢业业地经营自己的事业。因为他知道，在这个世界上，投机来的东西，不如自己努力得来的东西踏实。

这么多年来，正是因为他这种踏实、诚信的品质，以及可靠的产品质量，使他和经销商建立起了深厚的情谊，形成了牢固的利益共同体，阿超的事业基础也更加稳固。其实，阿超之所以能够获得这样的成就，在于他知道自己该做什么、不该做什么，尤其是知道自己该在哪些地方止步，他对自己经营的事业有着明确的目标，他会细水长流地、温柔地坚持，而不是时时幻想一夜暴富。

实际上，一个人要想在欲望面前止步，除了要有坚定的人生方向和目标之外，还要具有人生的智慧。在生命中，真正的智慧是通过岁月和学习磨炼出来的，是理论和实践多次、反复结合的结果。所以，我们要多看书，多看好书，多看能提升自身境界的书，同时多参加社会实践。

此外，人们还有这样的体会，即当你遇到一个巨大的诱惑，或者有一个可怕的欲望，但是不知道怎么处理的时候，你可以去看看书，在书里找到引导你走出困境的方法，从而使你躲开一系列人生陷阱。

我记得有一段时间里，在看渡边淳一的书时，发现他书中的故事无一例外在讲成年人在欲望面前由于没有能够及时止步，最后导致不得善终的结局。的确，他的书中那些没有保护好自己，而是冲破道德伦理的女孩，最后的结局都很悲惨，这种结局仿佛是对她们人生的惩罚。

比如，渡边淳一的一部小说《失乐园》里，男主人公在事业上遭受了打击，他没有选择重塑自己的精神世界，在事业上寻找新的突破口，而是将精力全部放在和一位有夫之妇的婚外情上面。两人的婚外情遭到双方家庭的坚决反对，但他们两人选择了脱离一切社会关系与伦理束缚，放纵地燃烧着彼此的欲情之火，最后，他们两个人的尸体在荒郊野外腐烂后才被发现。在这本书里，你很多时候会觉得，他们两个的相处仿佛就是一对动物，这中间几乎灵魂缺场。可见，缺乏道德止步的意识，不知道自律的人生，早晚都会翻车，从而陷入万劫不复的境地。

所以，还是要给自己的精神留一些净土，包括通过书籍来理清自己的思绪，懂得掌控人生的尺度，督促自己沿着一个坚定的人生目标而前进，让智慧回归自己的内心。我相信，懂得止步的人生，一定会收获更多，活得更好。

做个心里有诗歌和远方的人

心里有诗歌和远方的人，是不易被生活击垮的，无论在何时，无论处于何种心境，都可以保持好的心态，拥有一份美好的向往。

最近见到一个小时候邻居家的叔叔。儿时的我，还只知道站在胡同口抹鼻子、跳绳、蹦高，叔叔那时已经二十多岁了。他经常骑着自行车去上班、下班，然后看到我们这些小朋友在那里玩的时候，他总是冲我们笑笑，一副很温和的样子。在我的印象里，叔叔当时特别"帅"，待人特别和蔼。

后来，我们家搬走了，再次见到他时，是因为我的办公地点搬到了他单位的楼下。奇怪的是，隔了这么多年，他仿佛一点儿都没变，还是那么年轻，皮肤也保养得很好。他的身材还是跟原来一样瘦高，戴着金边眼镜，一副温和的样子。

我叫了他一声叔叔，他竟然未能将我认出来。待我跟他解释了半天，他才想起来。他满是感慨地说："现在像你们这么大的孩子，一般都不爱搭理人，更别说隔了这么久，你竟然还记得我！真是个好孩子！"

我不好意思地说："那是因为叔叔你一点都没变啊！你现在还这么年轻，我叫你叔叔都觉得不好意思！真想叫你一声哥哥！"

叔叔乐不可支地笑着，或许他们单位的小姑娘没我这么幽默，我这么一说，叔叔脸都红了。目送叔叔走后，我不禁感叹，叔叔和我爸爸也就相差个四五岁，怎么显得比我爸爸年轻十几岁的样子呢？

后来加了叔叔的微信号，看了他的朋友圈，才知道叔叔原来是在教育界的，平日里喜欢看书写文、绘画、书法，还经常参加国学论坛之类的活动，总之，他有着丰富的精神世界。而我爸爸则是一个地地道道的俗世之人，每天忙于做业务、干活，十年下来也翻不了几页书。我想，或许这就是他们尽管年纪相差不大，但是面相却差很多的原因所在。

叔叔的父亲是一个商人，管理着不大不小的一家公司。他的父亲每日里都为公司的琐事烦心。由于他的父亲责任感很强，无论大事小事都事必躬亲，就算是晚上睡觉，也会想着明天的业务。所以，叔叔的父亲是一个深深地扎根于生活琐事的人。

而这位叔叔，他有着那么多文艺方面的爱好。的确，对于诗歌、文学的爱好，能让人暂时脱离现实，走进美丽的虚幻世界里。这种暂时的"出世"，能让一个人的眼睛和心里充满美，从而不被生活劳苦和琐事浸染。的确，相由心生，就算是岁月变迁，如果心里总是充满诗一样的美好画面，你的面相自然也会受到美好事物的影响。

无独有偶，在偶遇邻居叔叔的那日，我所在的公司组织了一次写作培训。早早地，我和同事就来到了会场，经过主持人介绍，第一个出场的是某知名报社的知名编辑。

那个编辑一出场，便吸引了我的目光，从他花白的头发来看，这个男人差不多五十多岁，然而，他的面相却特别吸引人，温文尔雅，目光温和，皮肤水润，那种从内心里发出来的，带着文墨馨香的气质，让每个人都不停地给他拍照。看着这个已经年过半百，却如此迷人的男人，我不禁感慨，原来和文字打交道的人就算是老了也不用怕，因为他的心不为现世的俗事所打扰，他的心里一直有诗和远方。

其实，这里的诗和远方泛指一切美好的事物。

有的时候，我们不明白为什么在学艺术的人身上总是有一种特殊的气质，因为那是美长期滋润的结果，就算现实中遇到了很多难堪的事情，他们也可以通过艺术来舒缓自己，让心灵一直沐浴在阳光和希望之中，而不是无谓地纠结。

其实，每个人都应该在闲暇时去读读书，看看花，写写字。这不仅可以让你暂时从现实的生活中剥离，还可以避免被生活中的琐碎纠缠。

朋友中有很多人是地地道道地扎根于生活的人。我们年纪大多相仿，面相却相差很多，有很多人明明很年轻，却是特别显老的模样。

新同事阿信刚入职的时候，我们都对她礼遇有加，每到快下班的时候，所有的活都干完了，她便凑过来一脸凄凄惨惨的样子问我们："你说说人为什么活着呢？我经常想不通人活着的意义！"

我们面面相觑，不知道这个姐姐的脑袋里面在想些什么。她诉说自己的婆婆帮忙照看孩子，总是给孩子穿太厚的衣服，可孩子总是生病，她觉得是婆婆给孩子穿太厚衣服才导致的。然而，当她每次跟婆婆抱怨不要给孩子穿太厚衣服的时候，婆婆却总是不听。

她哭丧着脸给我们说："为什么我这么一个小小的要求，她都不能听进去呢？"

我们开始劝导她，比如婆婆帮你看孩子也不容易，老人都是因为太疼爱孩子怕孩子冷，所以才这样，你好好地跟她讲就行了。可是，她还是觉得不能释怀，一副生气到极点，甚至被生活压垮的样子。

我们都觉得她所说的事情是每个家庭都会遇到的事情，没有必要因为这么一点小事就觉得生活不易，甚至到要死要活的地步。看着她满脸愁容的样子，我觉得她还是不会给自己的心灵放假，烦心的时候看会儿书或许就能让自己的心情安静一些，或者换一种更为温和的方式与老人沟通，就可以使事情达到一个理想的效果。

是的，每个人来到这个世界上都不容易，承担着或大或小的责任，总会遇到无法释怀的事情。但是，我们应该适当地给自己的心灵放个假，给自己一点时间独自相处，比如看看书，听听歌，体验一下艺术之类的东西，给自己减压，从而让自己的心灵得到释怀。

让自己与读书和艺术为伴，然后带领自己到达心灵的远方，多接触一些美好的东西，让自己保持最美好的状态，不要让自己深陷于琐碎之务，不要让自己死于内伤。请相信，未来的你一定会感谢现在心里有诗歌和远方的自己。

第五章

你值得拥有最美好的一切

你要相信，你是这个世界上最美好和独特的存在，你的存在会带给世界无穷的力量。你就是光，温暖自己，照亮别人，你值得拥有最为美好的一切。

凡你想得到的，你都配拥有

每一个生命的存在都拥有独特的意义，你是这个世界最独特的存在，只要你想拥有，只要你努力，你就可以得到想要拥有的一切。

每个人来到这个世界上都有其独特的意义，都有其要实现的价值。在人生的道路上，你要自信，你要努力，你更要明白，你是这个世界中最独特的个体，你要努力发现自己的独特之处，发现自己最有价值的闪光点，然后努力放大你的闪光点，成就独一无二的自己。

我从小就是一个很自卑的女孩，可能是父母当时不在身边的原因。我跟着爷爷奶奶长大后，又回到父母身边，此时的我，没有其他小朋友那样的无忧无虑，有的只是和年龄不相符的沉默和持重。

我的体内仿佛缺乏快乐的因子。记得在我整个童年时期，没有什么朋友，过得也并不快乐，每日沉浸于自己的小天地中；当时弟弟妹妹还小，父母没有多余的钱来打扮我，我觉得自己就像是一只"丑小鸭"，觉得没有人会喜欢我。

那个时候的我，非常羡慕我们班的班花，她拥有众人的偏爱；我羡慕学习成绩好的同学，他们拥有老师的青睐；我羡慕那些被父母宠着的女孩，她们有着幸福的生活。我一直觉得自己是个无人理睬的小草，仿佛是人世间最为卑微的存在，仿佛我不配拥有任何东西。

直到高二的时候，灰头土脸的我，一边摸着流到嘴边的鼻涕，一边站在弟弟妹妹的身后看动画片。那是一个冬天，家里很冷又乱糟糟的，我的心里面也冷风飕飕的。但是，在连续看了几集《灌篮高手》后，我的内心不禁感受到一番激励。我反问自己，我和他们都是一样的高中生，为什么他们能够打扮得好看而又时尚，而我却这般自怜自哀地在命运的面前当缩头乌龟?

于是，我仿佛改头换面一般开始了自己新的生活。原本几天不洗脸的我，开始仔细地洗脸，而且抹上大宝 SOD 蜜；原本乱得仿佛荒草般的头发，也被我洗得顺滑，修剪成当时流行的齐耳学生头，还在斜刘海上插上一枚精致的发夹。

我脱下明明只让周一穿，我却天天穿着也不换洗的很脏的校服，换上妈妈给我买的、我还没舍得穿过的白色羽绒服和淡蓝色的牛仔裤，脱下脚上穿着的奶奶做的厚棉鞋，穿上妈妈早就给我买的黑色高跟皮鞋。

打扮一新的我，仿佛重新换了一个人，记得妹妹当时一边抹着鼻涕，一边不停地说："姐姐真好看！"我看着镜子里的另一个自己，也觉得很是满意。

我把《灌篮高手》中的流川枫当成自己的偶像，既然流川枫能够一边保持自己美好的形象，一边又能做到王牌球员的位置，我觉得也可以把自己打扮得漂漂亮亮地做个好学生。

后来，我的学习成绩进入了班级前四名，老师和同学们都很喜欢我，男生们更是将我列入班级四大美女，据说还有人将我列入榜首，仿佛我曾经想要的东西一下子得到了实现。

原来，想要和得到之间并没有太远的距离。到了大学阶段，我儿时的梦想更是得以实现。当时，同学们都夸我可爱漂亮，甚至开玩笑说有几个连队的男生追求我；老师们一见到我就会露出开心的笑容，帅哥们见到我也是微微一笑，一副很倾城的样子，我也有了好多朋友和热闹的生活。

尽管这样，我的内心还是有些自卑。我在感情上有些期盼，希望能够遇到属于自己的"真命天子"。终于，当我现在的爱人出现的时候，我还是担心他会随时离我而去，并为此做着"心理准备"。因为我总觉得不够自信，从而要时刻保持"魅力"，以免身边的人离开我。

然而，令我意外的是，他却在我身边一直没有走，一直都在，他还会经常对我说："你真的很好，我很喜欢你！"

每到这个时候，我都会喜极而泣，原来，我还是配得上拥有这么美好的爱情。

结婚后的我，一直都在做着自己的作家梦，我一直以为这个梦想对于我来说遥不可及，它并不像我以前那些浅薄的梦想一样可以轻易地实现，而是需要我付出一番努力的。然而，当我开始着手写文章的时候，我的稿子竟然通过了出版社的审核，而且签约出版，我也具备了作者的身份。

我有些不敢相信，但这却是事实，我的那些辛苦写作的日日夜夜也是事实。付出终有回报，所以我配拥有这样的结果，基于我的努力，我配得上拥有自己想要的美好的结果。

阿晖是我的一个同学，她的体型很胖，1.60 米的身高有着 70 公斤的身材。按理说，这样的人无论对谁都是难有吸引力的。但是，她却是一个有着高度自信和品质优秀的人。

即便她身材很胖，她仍是搭配上了漂亮而得体的衣服，让人看起来赏心悦目。

虽然她比较胖，但她依旧喜爱美食。在每日的微信朋友圈里，总可以看到她精心为自己和老公烹饪的大餐，从而让人感到生活的美好气息；她喜欢护肤，她的皮肤也保养得水润光滑；她喜欢旅行，她的 QQ 空间里经常会更新她带着母亲一起去各地旅游留下的美图；她喜欢赚钱，在有着稳定收入的同时，她还将自己收罗来的好东西在微信上叫卖，竟然还卖得特别好。

她对生活仿佛有着燃烧不尽的热情，让每一个接近她的人，都会感受到她的美好和光芒。

她经常说："我觉得我很满足，我想要的我都有。"如今，她拥有美满的家庭和帅气迷人的老公；她拥有着蒸蒸日上的事业，以及自己想要做的事情；她拥有和谐的人际关系和周围朋友的喜爱。她的周围也逐渐集聚起了一群像她一样深深地热爱生活的人。

其实，所有的一切都是自己造就的，只要你相信，只要你认定，只要你不放弃自己，只要你爱护自己，你所想要的，你就都配得上拥有。

与其炫耀，不如安静地为自己增值

真正内心丰富、拥有内在价值的人总是气定神闲，而不是到处炫耀，因为真正拥有内在价值的人，会将炫耀视为一种浅薄而粗陋的行为。

生活中经常会有这样一些人，说起话来总是显得很"牛"，一会儿说自己拥有这个，一会儿说自己拥有那个，并用挑衅的眼神看着对手，仿佛在示威："我有的这些东西，你有吗？"

实际上，一个没有底气，又缺乏自信的人，总是喜欢将这种情绪聚焦到某一个点上，然后无限放大，使自己表现得仿佛很强硬，很强大，以此来掩盖自身的不足。其实，我们与其如此，倒还不如静心地成长，让自己增值，多用些力气让自己的内心强大和丰富。

阿云是一名很优秀的学生，是班里的班长。她的各科成绩都很好，人品也不错，只是她有一个特点，那就是无论和谁在一起玩耍或者聊天，她总是想尽办法找机会来比较两个人的衣服，看谁的衣服更贵。其实，在她所在的学校里，有钱人家的孩子也不少，她在里面本来也算不上什么，然而她却乐此不疲地喜欢跟别人比较。

记得有次她叫我陪她去逛街，我陪她逛了一上午后，才明白有一句话叫作："道不同，不相为谋。"我不喜欢那些特别贵，看起来并不好看的衣服，而她对此好像有很大的兴趣。在那个上午，我的心情非常郁闷，她显然对我的表现也有些不满。于是，我下定决心再也不陪她出来逛街买衣服了。

其实，在生活中，类似阿云这样的人也不在少数。说实话，我从来没有羡慕过她们，或许她们本身就家境富裕，多享受一下也没什么。但同时，我也发现，她们之所以购买昂贵的护肤品，一个重要的原因是出于她们的攀比心理，比如她们会拼命地跟人炫耀：你们看，我买的这些东西多贵！

我记得在和阿云逛街的那一天，她一度轻浮地问我："你怎么还不谈个男朋友啊？有个知道疼你的男朋友，那是一件很幸福的事情，我的男朋友就特别疼爱我呢！"说完，她一脸自豪的表情。

接下来，类似的话题，我几乎听她说了一路，我觉得如果换成一个心理素质差的人，肯定会被她的那些话给说得崩溃了。然而，我除了被她说得有些头疼外，几乎没有任何感觉。因为即便我没有男朋友，也会觉得自己的内心是特别充盈的，好在我有很多朋友，还有那么多书籍陪伴我，我觉得自己没有必要这时候去谈恋爱或者顾影自怜。所以，我除了附和着夸赞她的男友之外，没有说其他任何话。

"你也应该找一个对你好的男朋友！真的很幸福！"她在下车的时候，仿佛很怜悯我似的又重复了这句话。

后来，我几乎视她为洪水猛兽，一看到她，我就赶紧躲得远远的。几个月后再见到她时，她的形象已大变，让我有点不敢相认，因为她文了眉毛，嘴唇还涂着重重的口红。"是不是很好看？"她开心地看着我问道。我只好狠狠地点了点头，然后找机会逃走了。

后来有一次，我和她们学校的几个朋友聚会，大家在茶余饭后说起她后来的遭遇，我听后只觉得心里发酸，有些心疼。我忽然间明白她为什么那么张扬，也明白了她为什么在和别人谈话时总想把别人压下去，那是她的虚荣心在作祟，她想证明自己最有钱、最幸福。

至于在感情方面，她以前的言行实则表明，她缺乏自信。后来，通过朋友的话也证实了这一点。她和她的男朋友的关系实际上处于很不对等的状态。我曾经在车站匆匆瞥过她的男友一眼，当时，觉得她的男友在看她的眼神里，有着一些复杂的内容。听朋友们说，她在和男友在一起时，总是像个保姆一样围在他的身边，早上给他买早餐，天冷了不忘给他添衣服，还给他买手机，给他钱花。可以说，她的感情仿佛是用卑微的讨好换来的。其实，在两人世界里，如果你自愿卑微到这种地步，那么你还指望他平视或者抬起头来看你吗？他只能俯视你。

所以，她其实是没有安全感的。基于此，她才对自己和男朋友的感情大加宣扬，只是她爱得这样辛苦，让别人无法帮她，也为她的遭遇感到无奈。

后来，她的男友喜欢上了别的女孩，他们最终还是分手了。说实话，无论对于哪个女孩来说，分手都是痛心的。对她而言，分手尤其令她痛苦，因为她对这份爱情付出了太多，她付出的不仅仅是感情，还有她的全部信心和自尊。

在得知她分手的消息后，我真的很担心她，便跑到她所在的学校去看她。当时，我看到她呆呆地坐在打扫得一尘不染的宿舍里，一副郁郁寡欢的样子。或许当初分手时那段撕心裂肺的往事已经熬过去了，她变得很冷静，正拿着计算器计算她这两年花在他身上的费用。最后，她发现在前男友身上共花了几万元钱，她说她一定要让他还钱。一份感情走到底，只剩下花在感情方面的账，也着实让人感到悲哀。

　　有一天，她来我的宿舍找我。当时，我的宿舍里乱七八糟，很不整洁，她看后不免戏谑地说："你这是狗窝还是人窝？"

　　恰好老师找我有事，我便出去了。一个小时之后，我回到了自己的宿舍，可是，走进宿舍的一瞬间，我惊讶地发现，我的房间里已经被她打扫得亮堂堂的，还散发着丝丝清香。

　　又过了一段时间，我再次见到她，便试探着问道："你是不是有新恋情了？"

　　她欣喜地表示肯定。我打趣地问她："你跟我说说他是怎么对你好的？""有什么可说的，就那样吧！"她淡淡地说道，脸上幸福洋溢。

　　看到她这个样子，我在心底默默地替她高兴。现在的她再也不用靠炫耀来吸引别人的眼球了。的确，真正的幸福是不必用嘴说的，是自然流露出来的，更不是张牙舞爪地向世界宣告。

　　"是啊！经历了那么多事情，我才发现，其实在这个世界上，如果你用心经营自己，充实自己，那么，你一定会幸福的。"她幽幽地说。

　　原来，在和前男友分手后，她让前男友还钱，她的前男友不但没有还钱，还说了关于她的很多不好听的话。她一度痛苦到想要自杀，却终究没有这样做，就在想到死的一瞬间，她忽然间觉得，如果自己死了，他可能根本不会后悔，只会更加看不起自己。

　　于是，她放弃了死的念头，开始参加各项活动，包括出去旅游、打工、做义工，充实自己的生活。这期间，她遇到现在的男朋友小恩，他非常喜欢她。然而，一度被爱伤透了心的她，刚开始的时候对小恩置之不理，但是他并不放弃。最终，她被他所感动。现在的她，活得丰盈而自信。

　　所以，真实的拥有是安全和踏实的，是一种很淡定的状态，炫耀和骄傲不但不能给你带来荣耀，反而会让你遭受反感和鄙视。

行动起来，用实际行动代替迷茫

如果你不知道路该怎么走，你不知道接下来该做些什么，那么让自己行动起来，慢慢地就会走出自己的路。

人生中有很多时候，生活给了你一个巨大的难题，你不知道该怎么往下走。你每天躺在床上思考着所谓的致富项目，却懒得出去调查市场；你只会在电话里面抱怨找不到工作，却没有在网上投自己的简历；你总是看着别人，就算是卖凉皮一个夏天都能赚个二十万，却不知道人家半夜就起来干活，每天累得腰酸背痛腿抽筋；你总是看着别人活得很容易，却不知道他们现在的路也是艰难地摸爬出来的。

在这个世界上，如果连自己都不确定能干什么，该干什么，喜欢干什么，那么别人就更帮不了你。路，还是要你自己尝试着去走。去尝试，去探索，去历练，去经历，去奋斗，去踏踏实实地走出一条适合自己的正确的路。

所以，你没必要觉得此时的自己很悲壮，其实你的辛苦和痛苦不算什么，生活本身就是一本难念的经，辛苦是大多数人的生存常态，只是我们对待生活的态度不同，你是主动为了自己的目标而辛苦地、心甘情愿地付出，还是被生活所逼无奈地在应付生活、浪费生命，两种选择或态度所导致的结果是截然不同的。

　　所以，人来到这个世界上，决定你过什么样生活的不是你的父母，而是你自己。你单纯，你的世界就单纯；你积极向上，你拥有的就是正能量；你辛勤地去付出、去争取，你就会看到更广阔的天空。一切都是你选择和努力的结果。

　　芬芬和李霖是一对刚结婚的小夫妻，他们郎才女貌非常般配，简直就是天作之合。可是，这两个人有一个缺点是结婚都四五年了，却连一分钱都没有攒下，到现在还是"月光族"。

　　他们结婚四年，换了好几个行业，每个行业都待不长久。他们一开始做超市，却没有付出相应的劳动和心力，不知道怎么吸引顾客，不知道怎么努力经营。

　　于是，他们两个人每天都在家里琢磨要做什么生意，有什么好项目，想着什么样的项目比较容易赚钱。可是，他们只是待在家里，从不去做市场调查，并且盲目而随意地投资做生意。他们除了跟风，就是盲目地投资，其结果是不言而喻。其实，在生活中，每一个环节都不可以走捷径。你在这里走了捷径，那么不理想的结果或者不好的结果总会或早或晚地表现出来。

　　生活是需要我们自己来过的，我们要有目标、有计划地过好每一天。不少人没有定下明确的目标，尽管一天天地工作着，忙碌着，生活着，却很少动脑筋去琢磨如何实现生活质量的提升。这些人不想着有创意地付出，却只会梦想着房子和票子飞来。当生意不赚钱甚至做赔的时候，这些人也会觉得自己的命运很悲惨。可是，他们真的尽力了吗？

　　我曾经认识一个很成功的商人，他的文化程度并不高，只是高中毕业。他开了一家有百余名员工的公司。如今，他已经五十岁了，仍精力充沛，每天早上六点准时起床，到了公司后，他就给手下的人开晨会，晚上七点他又准时做总结。

　　他每天都跟他的工作人员说，你们必须知道，你今天的目标是什么，你今天要达到什么样的程度，要达到什么样的高度，并且要在大脑里想到要依靠哪些步骤、哪些技巧、哪些行动才能达到想要的效果。他有一个非常强大的销售团队，这首先得益于他自己的目标明确和强大的行动力。其实，年轻时候的他并非一帆风顺，也走过很多弯路，最后才选择了这一条路，并且一直走到了现在。

　　是的，每个人来到这个世界上，上帝都会给其一个使命。谁都不会那么幸运，一开始就能找到自己的使命，找到自己的命运归宿。所以，我们要行动起来，用实际行动去不断尝试，用心摸索，总会找到一条属于自己的路。有些时候，我们貌似走了弯路，但正是这段弯路锻炼和磨砺了我们的心智，让我们在找到使命所在的位置时，有足够的耐力和足够的智慧，来做好自己应做的事。

　　不要害怕，不要着急，不要彷徨，不要哀伤，但你一定要加油，要努力，要真正地奋斗，那个最好的自己一直都在前方等着你。

把目光放长远，拒绝短视行为

你要学着把时间和金钱投资在有前景的、能取得长期收益的事物和生意上，要拒绝短视行为，不能只看眼前利益，而做错了计划，甚至选错了目标。

大多数人都很努力，可是成功的只是其中的少数；这个世界上有很多种成功的方法，可是真正适合自己的方法是很少的；这个世界上有很多种选择可以成就你，可是真正发自内心喜欢的选择往往只有一个；这个世界上有很多的爱的机会，可是能和你牵手到最后的却只有一个；这个世界上有很多方法可以赚钱，可是真正适合你的方法，往往只有一种；你总是说自己的运气不够好，其实是你还没有足够地努力，不足以迎来幸运之神的降临；你一直抱怨自己没有成功，其实是你众多选择中做出了最不利的选择，才使你这么多年来依旧没有登上巅峰。

这是为什么呢？为什么我们总是在成功的门前徘徊，却不能得其道而入？这归根结底取决于你自己，取决于你眼界的大小，而我们大多数人的视野总是局限在眼前的一亩三分地里，由于知识或者习惯的原因，看问题看得不够长远，或者只是坐井观天，这就是很多人的人生难以成功的原因。

人生是一个很奇妙的旅途，你会看到很多的变数，其实这些变数在很早时就有迹象。大多数人总是习惯于眼前的安逸，对寒冷的到来没有任何预测，不做任何准备。

早年发迹的人，或许有些人已经沦落到吃不上饭的地步；早年穷困潦倒的人，现在或许已经开宝马、坐奔驰、住别墅了；当年风光无限的班花和校花，现在或许已经沦落到街头卖水果；当年备受女生追捧的男神，或许长大后碌碌无为；当年被老师瞧不起，被大伙儿欺负的男孩，或许已经事业有成，荣归故里。其实，人生就是如此，起伏更迭。

我曾感受与经历过很多企业的变化。比如诺基亚手机，我记得上大学时，诺基亚手机风靡一时，非常流行，我当时用的就是诺基亚手机。后来过了几年，我用的诺基亚手机出了点问题，需要换个零部件。当我来到手机配件店时，却发现已经找不到诺基亚这个牌子的手机。这时我才发现，诺基亚这个昔日响当当的品牌如今已湮没在智能手机激烈竞争的市场浪潮中。其实，以诺基亚当时在手机界的巨无霸地位，没有哪家手机企业能够撼动它，诺基亚的辉煌不再，某种程度上来说，是它自己走向了沉沦。

比如柯达公司，曾是世界上最大的影像产品及相关服务的生产和供应商，可是，它却因为市场反应迟钝，管理层思想保守、缺乏创新，看不到世界摄影行业的新变化，没有及时调整公司的经营战略重心和根据市场定位重塑核心技术，最终不得不提出破产保护。

的确，在这个世界上，不断有新的事物进入我们的生命，那些昔日令我们习以为常的事物却可能再也找不到。类似于诺基亚、柯达这样的"百年老店"之所以走下坡路，一个重要的原因是在这个快速变化的世界里，创新不够，对变化的警惕心不够。

前几天我和一个地产界的女孩聊天，她说自己要跳槽做电商了，因为下半年的楼市太过低迷，这直接影响了她的销售业绩，她对楼市的前景好像也要失去信心。为此，她要早些给自己找一条退路。于是，她从原先的企业辞职，然后留下一段时间在家里调整状态。

在这段空闲的日子里，她买了很多书，几乎要填满自己的整个屋子。接下来，她天天利用空余的时间充电学习。终于，她得到了一个面试的机会。来到应聘的企业，在和年长自己二十岁的老板谈话时，她那远超同龄人的智慧和视野，以及优雅的谈吐、紧跟时代潮流的独到见解，再加上原先不错的销售从业经历，打动了这家企业的老板，并让老板坚定地认为，她正是企业要找的人才。于是，这家企业的老板当即决定录用她，并让她做一个区域的销售总监。

她是一个很有远见的人，深深地懂得这个世界是无限变化的，所以要将自己的时间和精力全部放在既定的目标上面。在洞悉了这个问题后，她在面对很多变数的时候显得从容淡定。

相对来说，有很多人却没有她这样的警惕之心。比如，有的人就是讨厌新生事物，墨守成规，从而给自己的生活制造很多麻烦。我有个朋友在一家公司任职，她的老板是个"老古董"，不喜欢创新求变，甚至这位老板用的手机还是市场上快要绝迹的直板型诺基亚手机。她是公司里的财务，跟领导提议用网上银行转账比较方便，希望能够给单位的对公账户开通网银。对此，她的老板一口拒绝，认为"网银转账不安全"，因而坚决反对。于是，每次公司转账，她都得去银行柜台办理，转账效率自然较低。其实，她的老板就是一位对新生事物存在恐惧感的人，这些人害怕新生事物，觉得新生事物会有风险；相对来说，他们更愿意享受习以为常的旧事物，哪怕有些旧事物已经面临时代的淘汰。

实际上，除了一些守旧的人之外，还有一些人虽然知道世界总是在变化的，也并不害怕迎接这些新变化，但却总是被动地接受。因为在他们看来，这些变化着的新生事物的未来，仿佛无法估测。

比如，有姐妹俩，妹妹的钱都用来投资孩子的教育，以及自己和先生的学习、健身、保险上面；姐姐则把钱全部用在装扮自己和吃喝玩乐上面。从短期来看，这姐妹俩之间好像还看不到什么差距，但时间一长，她们之间的差距就越来越大。后来，当妹妹已经升职加薪到了较高的位置，工资也翻了好几番时，姐姐则由于缺乏过硬的技术和适应企业转型发展的相关能力，被公司劝退。于是，姐姐逢人便说妹妹的"命"比自己好，但她没有意识到的是，妹妹的每一次努力都在增加着命运的砝码，因为越学习路越宽，路越宽就越幸运，所以妹妹的职位和报酬也就越来越高。

可见，当一个人故步自封，不去创造自己的前途和幸福时，就算上帝想要帮你，也找不到你的手，因为你根本就没有举起手，甚至你根本没有想过要举起手来去争取什么。

因此，将你的目光放长远，用清晰可见的规划来引导自己，用勤劳勇敢和无畏的奋斗去与命运拼搏，用你勤劳的汗水去浇灌你的梦想之花，你一定会收获沉甸甸的人生果实。

频道不同，不相为谋

每个人的身上都有不同的磁场，也都处在不同的频道，相同磁场和频道的人总会彼此觉得亲切，而不在同一磁场或频道，即使在一起，也总是会觉得很别扭。这时，不要苦恼和着急，不要奢望所有人都喜欢你，你要告诉自己：他那么讨厌你，或许只是嫉妒你。

纤纤是个新人，颜值爆表，呆萌可爱。此外，她还很有才华，在很多时候都是不声不响地将工作高效率地完成。闲的时候，她还很爱看书，给自己充电。可是，即便如此，她仍会时不时地由于一些鸡毛蒜皮的琐事而被别人作弄。她很纳闷，觉得自己这么乖巧，对谁都很有礼貌，也没有得罪人，可是为什么还有人来整自己呢？她想，或许本就没有什么原因，只不过是别人看自己不顺眼罢了。

于是，她编了一个顺口溜来聊以自慰：这世界上总有一些人，没你三观正，比不上你可爱，卖不了你的萌，搞不了你的怪，拼不过你颜值，玩才华也落败，所以允许他那么讨厌你，别计较他的坏，相逢不容易，和平说拜拜。

此后，她从没有想过要和某些人对抗或者采取什么过激举动，只是埋头干活，不问是非。随着她的业务越做越好，领导更加赏识她，同事们也逐渐理解她，她的工作也越做越开心。当初，她来这个单位只是为了将这里当作日后的跳板，因此，在积累了一定工作经验后，她给一些心仪的大企业投去了简历，并且找时间进行了面试。很快，她收到了一家名企的 offer（录用通知书），实现了自己当初的职业梦想。

来到大公司的她依旧会遇到和自己频道不同、轨迹不同的人，依然有人表面上看起来很好，背地里却做着伤害她的事。对此，她只是笑笑而已，继续努力做好自己的本职工作而不分心。她还经常对着镜子里的自己说："看看你，长得国色天香，无奈气质又高，资产丰厚，文章无双，说得了外语画得了浓妆，走得了秀场，下得了农庄，煲得了汤羹，做得好电商，躲得了暗箭，接得住明枪，你说这么好的牌，怎能让他人不中伤？"所以，她依旧专注于自己的业务，还有自己的兴趣爱好，除了工作，完全不给任何杂念入侵的机会。

当她在写文案的时候，有些人在玩手机游戏；当她回到家练习同声传译的时候，有些人在逛微信朋友圈；当她忙着思考怎样提升业绩的时候，有些人正在想着回家睡觉。

一年后，她的职位和工资翻了一番。于是，有些关于她的谣言不胫而走，有人说她"后台硬"，有人说她会拍领导的马屁，她却穿着香奈儿的套装，踩着 prada（一种高档奢侈品的名称）高调地将走廊当秀场，留给嫉妒她的所有人一个美丽的身影。

香香则是一个公司的部门领导，像她这样不到三十岁就做部门领导的女孩少之又少，所以大家公认为她是很优秀的女孩。她有一个净友，这个净友最大的特点就是喜欢吐槽她。

比如说，香香将写完的一篇文章发给她，她几乎永远都说写得不好；香香买了自己喜爱的衣服，她会总是吐槽说难看；香香选择的男友，她永远都给差评；香香说出内心的梦想，她给出的还是差评。

本来，香香将她视为自己最好的朋友之一，可是在诸多迹象下，她才明白，她们两个根本不是一个频道上的人，既然频道不同，那就是话不投机半句多。人在长大后，走向社会时，一定要选好自己的朋友圈，毕竟"近朱者赤，近墨者黑"，不懂得甄别自己的朋友圈，只会让自己受累。

于是，香香主动离开了她。出于礼貌，香香并未和她绝交，只是保持一定的安全距离，不让自己的心情受到她的不良影响。

的确，优秀的人永远都是孤独的，但是孤独并不代表寂寞，孤独代表一种沉默和思考，代表行动前的理智，以及灵魂深处的自我。你要记得，你只要做好自己，尤其是当你和别人拉开一定差距的时候，可能会引来别人的质疑和嫉妒；然而当你高到一定程度的时候，那些人只能仰视你，或许对你仍会有些非议；但当你高到令他们触摸不到的时候，他们能做的唯有膜拜你，以结识你为荣。

所以，灵魂深处的发力是来自内心的真正力量，这种力量穿越时空，穿越喧嚣，迎着太阳，无限地接近阳光，那是对你长期以来正确坚持的嘉赏。

接受生命的恩泽，时光不会负你

我喜欢三十岁的阶段，不再迷茫，不再莽撞，不再肤浅，不再慌张，迈着优雅的步子，走在时光的长廊里，时光终不会辜负你。

青春是一个人一生中最为美好的时期，也是一生中"兵荒马乱"的年代。处于青春期的我们，总是不清楚自己想要什么，总是跌跌撞撞地走过很多弯路，甚至差点迷失方向。可以说，青春期的我们常是没有主心骨的，总是轻易地将自己的心交给别人，却被带着走向了相反的方向，甚至差点忘了回家的路；青春期的我们总是为情而伤到撕心裂肺，受到一点儿挫折就仿佛觉得末日来临，一度矫情到伤筋动骨；青春期的我们动不动就为爱而生，见到意中人却吓得连看都不敢多看一眼，生怕眼神泄露出那珍藏已久的秘密；青春期的我们执拗地认为自己是宇宙中最伟大的存在，却在现实面前不堪一击。

记得刚参加工作时，我们那份刚从大学象牙塔里走出来的高傲，很快在四处碰壁中消磨殆尽。在社会中，我们逐渐学会了对欲望的按捺，对理想的坚持。我们的思想也在从感性走向理性。

的确，回首往事，无论是学生时期，还是参加工作后的日子里，我们一步步地从不成熟走向成熟。处于青春期的我们，虽然有野心，但是我们稚嫩的肩膀却难以撑得起残酷的现实。可以说，痛苦、反思以及迷茫是我们那段时光的真实写照。在那个令人遐想的青春年华里，我们拥有着年轻的、充满朝气的面容，拥有者自信能够改变命运的血性。可以说，青春是一个人最易改变自己命运的季节。

我记得有一天在回家的路上，遇到了一位很久不见的同学。我和这位同学随意地打了个招呼，然后侃侃而谈，我们聊了几句之后便各忙各的去了。然而，我在回家的路上却觉得，如果让我选择想要留在生命中的哪段时光，我会毫不犹豫地选择现在，而不是很多人认为的青春时代。因为我想起，生活在青春时代的自己，困顿而迷茫，有很多关于人生的问题找不到答案，但又不死心，于是每日生活在幻想当中。

在青春期的我，总是彷徨无助，渴望有个白马王子来找到我，总是渴望自己在忽然间就成功了，又总是梦到自己突然买彩票中了大奖，然后拿着巨额奖金到处去做公益。那个时候的我，更是不能确定自己究竟喜欢什么样的生活，不知道自己到底追求什么。总之，青春留给我的一个深刻印象，就是彷徨。

在经历过生活淬炼后的三十多岁的我，已经变得平和而安心，不再迷茫，不再彷徨，也不再无助。我明白了生命的美好，更明白了不可以轻易地去依附别人，一个人必须依靠自己，丢掉无谓的幻想，一步一个脚印，用勤劳和智慧去争取所有的美好和幸福。

我还记得，在青春时期，我总是觉得找不到生活的意义，觉得自己总是双脚离地，在空中飘荡着，缺乏扎实的生活，以至于写了很多酸溜溜的小诗和散文。我前两天在看自己那个时期写的博客时，发现那个时期的我并不快乐，经常纠结于一系列的生活矛盾之中。比如，看到一朵花凋落了会不高兴，看到一个觉得不错的男生跟别的女生说话也会不高兴；我会为看不到自己的未来而不高兴；我在看电视的时候看到伤心处会不高兴。总之，我那时几乎充满了"为赋新词强说愁"的惆怅。

后来，我又看自己刚参加工作时写的博客，发现那时的自己一天到晚就是抱怨，不是抱怨自己挨训，就是抱怨工作没有好好干，要不就是抱怨有人欺负自己。总之，那时的我内心矛盾，缺乏安全感。

我又看自己现在写的文章，发现里面充满了圆融、温暖，不再有以前文字中的那般青涩，不再有让人抓狂的棱角和情绪化。

实际上，人的发展阶段是递进的，总会有一个从不成熟到成熟的过程。我也明白，如果没有青春期的迷茫和彷徨，就不会有现在的淡定和沉着；如果没有思考青春期的人生难题，也不会随着思考的深入而变得智慧和优雅；如果不是那个时候经历过失败和成功，也不会有现在对于梦想的执着。

所以，没有一条路是白白走过的，每一条路都有不得不这样跋涉的理由，你所遇到的阻碍都是为了让你的心胸变得更加宽广，让你的心态变得更加平和，从而不再对生活张牙舞爪。

那些过往的一切都是为了成就你的现在，让你变得沉静而美好，坚强而有韧性。因此，好好地对待岁月，岁月终将把最好的给予你，总有一天，你会站在最明亮的地方，活成自己渴望的模样。

练就一套老练的情商，为自己收获美好的心情

有时候过于直言，会让你陷入友情危机。多说一些好听的话，并不是你虚伪，而是用你的智慧来营造更加舒适的氛围。

情商和智商对于一个人的成功来说非常重要。或许是我们这代人看偶像剧看的，说话不区分对象，无论是跟朋友还是跟领导，都是用同样的语调和词语，这样就会很糟糕。领导会觉得你不能承担事情，不会把重要的任务交给你。有时候，毫不考虑对方的感受，劈头盖脸地一顿批评。这些都会影响自身的形象。

可是，现实中总是有些人，专门爱挑别人不喜欢听的话来说，还美其名曰"刀子嘴，豆腐心"。其实，讲真话不一定要劈头盖脸地说一通，你可以很委婉、很温和地说，这样更容易接受，而不会让别人难堪。

安阿姨面容精致，工作能力很强，但是，大家都说她说话时不给人留余地。一开始的时候，我还不知道怎么回事，后来听了她几次说话，我才明白了，同时也明白为什么已经四十多岁的她，在一个岗位上这么多年都还没有升迁。

她在讲话的时候，总喜欢使用居高临下的语气，而且用命令式的口吻；她在遇到事情时，总是很大声地指出对方的错误，生怕别人听不到，这往往让对方感到无地自容。

在这方面，曾国藩为我们提供了值得学习的榜样。比如，曾国藩在做到很高的官位时，在待人接物上仍会对别人有足够的尊重。然而，生活中有些人却不能摆平自己的心态，不能做到把话说得让人觉得好听一些，从某种程度上来说，就是自己的问题了。所以，一句话百样说，同样的一句话，语气稍微缓和些，考虑对方的心理感受，可达到更好的效果。

比如，与安阿姨同在一个公司的刘先生在处理一个合同的时候出了点问题，在客户来到公司找刘先生时，恰好刘先生不在，安阿姨则替刘先生接待了客户。等到刘先生回来时，安阿姨看似一副天塌下来的样子："哎哟！你看你把客户合同都给弄错了，人家客户都找上门来了，你赶紧想想怎么办吧！"

听安阿姨这么说，刘先生在心里自然很不舒服。安阿姨说话时，一口一个人家，侧重点在客户的身上，而且当着全公司人的面予以大声宣扬，刘先生很没面子。其实，安阿姨完全可以换另一种方式来说，比如："刘先生，刚才有个客户说合同不对，你帮她查查吧！"

很简单的一句话，也是就事论事的一句话，不夹杂任何个人情绪和看别人笑话的嫌疑，如果这样的话，刘先生的心里可能不会产生抵触情绪。所以，在说话的过程中，一定要注意自己说话的语气和态度，不要给对方造成歧义和不必要的误会。

安阿姨的表现还不止于此，我们再来看一个事例。

公司里一个同事的孩子结婚，整个部门的人都去参加，包括安阿姨。安阿姨在那天穿了一条金丝绒的裙子，显得非常漂亮，同部门的另几个阿姨都在夸她。然而，她知道那几个阿姨的家里都是儿子，没有女儿，而安阿姨当初怀的是龙凤胎，既有儿子又有女儿。安阿姨知道她们都很羡慕自己有女儿，于是开始炫耀起来："我跟你们说啊，还是女儿好啊！你们看啊，我这鞋子，我这裙子，还有这金项链都是我女儿买的！你看你们，家里没有个姑娘，都不如我吧！"

她这样一说，那几个阿姨只是干笑了几声，不知道该怎么搭腔，只是低下头来默默地喝水，当时的气氛特别尴尬。可是，她还是不停地宣扬家里有女孩的好处，丝毫不考虑别人的感受。结果，与安阿姨同在一张桌子上吃饭的人感觉心里很不顺畅。

贾晟也是这种类型的人。倘若说他单纯，倒还不如说他任性，几乎毫无情商可言。因为他每次请客时，总是不考虑被邀请者的处境和心思，既占用了别人的时间，还给别人带来不快。不仅如此，他在说话的时候也是同样不注意别人的感受。

比如说，他的朋友开了一家茶馆，他知道今年所有的生意都不好做，于是就问朋友，你这茶馆收回成本了吗？朋友谦虚地说道："生意不好做，还没有！"

听到朋友的话，贾晟不仅没有及时安慰，反而跷着二郎腿说："我早就知道，像你这样的茶馆多了去了，你投上这么多钱，别说赚多少钱了，能收回成本就不错了！"他的朋友听完这番话后，心里很是失落，很快离他而去。实际上，即便是一个人最要好的朋友，也难以经得起这样的直言。所以，久而久之，贾晟的朋友也越来越少。

在生活中，或许你的"直言"有时是一种客观存在，但是我们还是要用比较委婉的方式来表达。再者，如果你遇到别人用这样的"直言"来刺激你，又会觉得开心吗？

即便你认为自己是别人的"诤友"，像魏征那样喜欢"犯颜直谏"，可你是否知道，唐太宗有好几次险些要杀魏征吗？

因此，过于直白的和不加考虑的话语，会在无形中减少你自身的魅力。其实，人们的很多失败就是因为一些琐事，其中最主要的是"不会说话"。可见，"不会说话"直接拉低了一个人的情商。

那么，我们该怎样练就高 EQ（情商）呢？我觉得可以从以下几点开始练习。

一是说话前先在脑子里组织一下，让你说出的话更加悦耳；二是不好听的话要谨慎地说，你要知道，不少人惹祸便是说话不小心；三是说话前多考虑是否伤害对方的尊严；四是提出批评前，最好以表扬为基础；五是没事就多发现别人的优点，多赞扬别人。

最后，如果你练就了一套老练的情商，包括说话的本领，那么你会在让别人高兴的同时，让自己收获美好的心情，并且赢得好的人缘。

不要贪图免费的东西

你要记住世界上没有免费的午餐，天上更不会有掉馅饼的好事，如果哪天你遇到了，这很可能是个诱饵。

有一天回家，我看到家门口附近的地摊前围了很多人，旁边的小喇叭大声地宣传着五元一条的打底裤。"太便宜了吧？"我心想。但看着那些"精美无比"的打底裤，我禁不住也加入了抢购的队伍，并且很快抢购了四条。幸好我当时还有点儿理智，只是先买了四条回去试试。我当时心想，这次购物真是合算极了，如果觉得质量不错的话，我明天就再去买几条。

第二天上班前，我赶紧拿出昨天买的打底裤，一边哼着歌，一边美滋滋地开始穿。

然而效果令我很失望。没想到这条打底裤的质量如此之差，我刚穿上就感觉浑身痒痒的，而且根本提不到腰部，号码也非常小，根本没有弹性。我将这条打底裤扔到一边，接着尝试其他几条，结果也是一样。

我看着床上那四条穿不得的打底裤，不由得心疼花出去的那二十元钱。其实，二十元钱倒也不算多，主要是我觉得花钱买的东西，起码应该有些用途才行，否则就是浪费。我不由开始后悔，并深深地自责。

是的，这个世界上很多失败都是从贪图免费的东西开始的。在人生中，有很多陷阱是因为你贪图"免费"而给自己挖下的。比如《不归路》中女主角李云儿的悲剧命运，李云儿是一个单身女孩，由于搭乘免费的顺风车引起了一桩没有善终的婚外情，结果李云儿的感情遭到有家室的方武男的玩弄，她在生活中也陷入深深的苦恼之中。其实，从某种程度上来说，李云儿搭便车不过省了几元钱，结果却把自己的一生都给搭进去了。自从看了《不归路》这部小说后，我再也没有搭过别人的顺风车。说实话，感情这种东西总是无法捉摸，作为女孩子，要保证自己的安全，就要时时谨慎，远离那些会给自己带来伤害的可能。

可以说，很多伤害都是掩藏在"免费"之下，我们在当时往往看不到。我认识的一个好姑娘青岩就差点败在"免费"上面。她是公司新来的员工，与另一位中年男士搭档做一项业务。这位男士总是借工作之由请她出来吃饭，一来二去他们之间的关系就处得很熟，最后竟有了男女感情。本来，孤身一人在外拼搏的她就渴望别人的关心，而和她搭档的中年男人本已在感情世界里摸爬滚打多年，很容易看透女孩的心思与心理需求。因此，她觉得自己终于遇到了渴望的暖男，遇到了"真爱"。然而，令她没有想到的是，他并不是真的"暖"，他的关爱只不过是他施展的一套骗人的小伎俩罢了。

青岩陷入了对他极度的眷恋和依赖当中。但是，她是个好姑娘，她知道自己这样做是不对的，所以一直都在和自己做思想斗争，并且痛苦不堪，内心极度受到折磨。她觉得自己明明是个品德端正的女孩，为什么会对这种中年已婚男人产生感情？幸好她有自制力，而且学过很多年的心理学。她开始慢慢地反省自己，从心理学的角度去分析自己，思考他对自己行为的目的所在。

这个男人不停地给她诉说着自己对她的眷恋，面对他的热情，青岩觉得一切没有那么简单，可又难以自拔，因而陷入深深的矛盾之中。在青岩看来，真正的爱情，开始的时候应该会有害羞，会有局促，会有不安，会有纠结，可是，他太淡定了，仿佛撒了一个大网，而自己只是那条待捕的鱼。

归根结底，这件事的根源不过是那些免费的午餐。其实，青岩所付出的代价，包括在一个个夜晚里的忧郁和挣扎、尴尬和痛苦，可以说是那些午餐的很多倍。对于一个女孩子来说，有些错误若是犯了的话，往往意味着没有挽救的余地了。所以，女孩子要对那些免费午餐把持得住，尤其对于一个结过婚的男人更不要随意地以身相许。后来，青岩和那个中年男人的婚外情在公司里传得沸沸扬扬，青岩只好离开了公司，更换了自己所有的联系方式。

可见，我们要想拥有美好的生活，就得有辨别真伪的能力。要修养身心，就不要贪慕虚荣，不要贪小便宜。特别是在爱情上，要提高警惕，保护好自己的内心，拒绝"免费"午餐的诱惑，少给自己找麻烦，让自己的内心归于安宁。

合理利用自己的欲望，你会成为更好的自己

有欲望并不是一件坏事，重要的是对欲望的驾驭能力，如果你能将欲望引导在积极、正向的方面，就能成就更好、更有价值的自己。

很多时候，你会发现，那些比你早些成功的人，总是对成功有着强烈的欲望。欲望可以产生行动力，可以让你为了达到目标而奋斗，你要懂得合理利用自己的欲望，让自己成为更好的自己。

不知道是不是跟我们从小学习的课本知识有关，仿佛对于我们中国人来讲，钱和欲望是一种特别丑陋的东西，特别是对于文人来说，仿佛一沾染到钱，一切都变得那么不美好，不纯粹了。实际上，任何人都生活在现实的世界里，所以正常的物质需求是可以理解的。

我曾经看过一个节目，里面主要讲了我们应该怎样端正对于金钱的认识，其中谈到，"赚钱"本身并没有错，人们在走向社会后，都要面临"赚钱"的问题，我们应该大大方方、快快乐乐地赚钱。

其实，我们还发现，为什么有的人能够成功？那是因为这些人有着积极的行动力，他们做出了足够的努力，从而让自己获得成功。那么他们为什么有行动力呢？这是因为他有相应的欲望。正是有了欲望，有了与欲望相匹配的行动，才有了最后的成功。

正如前几天我看到了一块手表，当时对这块手表非常喜欢，但是这

块手表的价格很昂贵。我怀揣着特别希望拥有它的欲望，在接下来的几个月里不停地码字、投稿、赚钱，最后终于用辛苦赚来的钱买到了这块手表。在我满足了拥有这块手表的欲望时，我还收获了文章发表带来的喜悦，让我觉得生活很有价值。

这就是合理的欲望给予人生积极的意义。实际上，合理的欲望能够给予一个人心理上正能量的刺激。当然，一个人的欲望还是要有限度的，而且要恪守"君子爱财，取之有道，用之有度"的原则，懂得用合法的手段去得到自己想要的东西。

比如说，在一家公司里面，有的人升迁得快，有的人升迁得慢，除了个人素质和能力之外，我觉得人们对于得到这个职位的欲望程度不同，也在里面起了一定决定作用。

朋友就职在一家大型企业，他一进公司就给自己制定了明确的目标，比如，在一年之内做到小组长的职位，三年之内做到区域市场经理的位置。

于是，他刚进公司的时候，就表现出了极大的行动力，并给自己制定了种种目标和任务。一开始的时候，他和女同事然然同时接管业务，在然然还没有确定好自己的目标时，他已经默默地将所有相关业务技能全部学会了，并且注意时刻跟领导和同事保持良好的关系。

在女同事们还经常闹脾气、耍小性子的时候，他俨然已经成了一个老员工，在单位里做人做事都显得娴熟和稳重。在同事们醒过神来的时候，他已经将那些同事甩开了一大截。最后，他的目标全部实现，如期成为区域市场经理。

当然，为了达到他的目的，他还迎娶了和老板有着亲戚关系的美女明君。明君美丽、大方，有大家风范，而且又能帮助他，他毫不犹豫地选择了她做自己的终身伴侣。实际上，能够获得明君的芳心，也离不开他为了实现目标而在工作中的执着。

记得看过《秘密》这本书，它告诉我们，每个人脑海里的意念都可以将与它相关的东西吸引到自己的身边。当我们的心里有一个强烈的欲望时，也就是我们用强大的意念告诉上帝我想要找到某个东西的时候。于是，你的决心越大，你的行动力也就越大，你对意念中想要的事物的吸引力也就越大，那个如你所愿的结果也就必然会出现。

其实，我们很多时候会发现，你暗恋的那个人，在很多时候也会在暗恋着你。这不仅是心灵感应，还是吸引力法则在起作用。

我们总是感叹为什么一个长相普通的女孩会追到一个帅哥。答案只有一个，那就是这个长相普通的女孩的意念比较强烈，久而久之这种意念力已经对他产生了一种特殊的磁场。而且我们经常发现，能追到美女的帅哥并不多，更多的是长相普通的人。或许就是帅哥的选择项比较多，他或许对某个女孩比较感兴趣，然而在行动上的欲望却不够强烈，最终未能获得所追的女孩子的芳心。

对于一个各方面都很普通的男生来说，他没有那么多的选择项，所以追求女生时不会轻易分心。他的意念强烈，意志力坚定，行动力也就很强，最后实现愿望的概率也就比较大。

哈佛大学有个测试，那就是毕业后有所成就的人大多有着清晰的目标，以及明确的欲望。这促使他舍弃无关的事情，集中精力，为了达到某个目标而全力以赴，直到成功实现。

人生丰富多彩，我们每个人的欲望也是千差万别的，愿我们在自己合理欲望的指引下，向着那个美好的目标，向着那个最完美的自己出发！

愿世界被我们温柔相待

你对别人的温柔缘于你内心的暖和光，当你对别人苛刻和计较的同时，你也收获了烦恼和不开心，所以要温柔地对待这个世界，你终究也会被这个世界温柔地相待。

我最近看了几篇文章，大致意思是让自己变得自私一点，智慧一点，不要受别人欺负。我后来接着看了几部电视剧，女主角都是那种个性比较强烈，而且很有主见的女孩。

我记得平日里的自己是一个随遇而安的人，不喜欢发言，不喜欢多说话，喜欢无条件地帮助别人。

后来，我忽然发现自己仿佛像个傻子，开始变得斤斤计较起来。比如，当我忙于工作，别人叫我去帮忙的时候，我百般不乐意；在家里，如果我比爱人干得多了，就会很生气，气焰也变得很嚣张。我在每次做一件事情之前，总会提前考虑这样做值不值，自己会不会吃亏？

就这样，一个月下来，我忽然觉得自己疲惫不堪，因为我每天都在计较这些小事，着实觉得无聊。在计较这些事情的同时，我发现自己的心情没有变得平静，而是变得特别的浮躁和焦虑，仿佛对自己的耐心也都没有了。

忽然间，我特别怀念那个对什么都无所谓的自己，那时候的自己不会处处设防，也不会觉得自己总会吃亏，更不会有抱怨和难过，也就不会有焦躁和坐立不宁。

现在的我，仿佛一下子开悟了，哪怕多干些活也不会觉得自己"吃亏"了，反而觉得自己的心情很舒畅。同时，多承担，多付出，我觉得自己的生活更加充实了。

忽然间意识到一个问题，那就是当我们用负能量的思维思考问题时，我们的情绪会因为这种负能量的影响而变得不开心，这种坏情绪同时会影响我们的生活，从而让我们的生活异常的糟糕。

于是，我想到，人们有时的确自作聪明，这种聪明又时常让人觉得过犹不及。比如说，当我们粗糙地对待别人的时候，我们也在从外界获得同样粗糙的力量，这使我们相应地失去了温暖和矜持。

在明白了这个道理之后，我开始恢复了往昔的豁达，不再对人斤斤计较，而是尽自己所能地帮助别人，也不再去想值不值得，反正做好自己应做的，问心无愧就好。

一个周末，我坐在家门口的台阶上，托着腮帮看马路上的人来人往。我看到每个人都那样步履匆匆，每个人的脸上仿佛都充满了焦躁或者不安。我几乎看不到一个从容淡定的人能够气定神闲地走在马路上。原来，焦躁和不安是我们这个时代的通病，每个人的心里仿佛都装着许多事情，却唯独看不到天空中的那一抹蓝，以及马路旁边的一株株小草。

我们总是抱怨这个世界上的人越来越不忠厚了，那么我们又何尝扪心问过自己呢？在与人交往之中，我们是否能够做到宽厚大度呢？

记得小的时候，爷爷和奶奶总是教育我，一定要做一个好人，要讲诚信，不要骗人，遇到别人有困难的时候要力所能及地帮忙。

记得在那时，邻里之间无论谁做了什么好吃的，都会留出一份来给另一家尝尝。当时，邻里之间还经常聚在一起包大包子，只要一大锅包子出锅，很快就被风卷残云般一扫而光。我记得那个时候，大家都有种朴素的快乐。

现在，处在同一层的邻里之间仿佛都很陌生，彼此见了面能点头示意就已经不错了。大多数人见面后，谁也不理谁，我们"远亲不如近邻"的古训仿佛正在渐行渐远。

如今，我们的朋友仿佛都活在社交软件里面，我们在手机上对着并不熟悉的人喊着"亲"，却不愿意给住在自己对门的邻居一个温暖的笑容。

我们习惯了快餐店里口味一致的菜肴，却不愿意耐着性子用一上午的时间给家人煲一锅营养丰富的排骨汤。

很多时候，我觉得我们或许已经到了应该改变的时刻。真的，不要再让冰冷的社交工具凉了我们的心，让我们静下来，起个大早，赶个早市，选几条活鱼，煲一锅鲜美的鱼汤，给家人和邻里道一声问候。

所以，请让幸福从早晨开始，萦绕在每个人的心间。用心想一想，我们那么努力地工作，那么努力地让自己变得坚强，让自己变得灿烂，不都是为了拥有那些暖心和幸福的时刻吗？

记得在看韩剧的时候，总是觉得韩国人无论对谁都很温柔，这份温柔体现在他们对食物永远保持着火热的激情。我们几乎可以从每个韩剧里看到他们做饭、吃饭的情景，那样的情景充满了暖暖的生活气息。

有时候，我在翻看微信朋友圈的时候，发现大家点赞最多的，往往是那些充满生活气息的照片，比如晒厨艺、外出游玩等。可见，人们发自心底还是喜欢有生活味的事物的。

比如，我有时在微信朋友圈里看到一些厨艺照片，当我看到那些吊人胃口的黄焖鸡、红烧鱼、家常豆腐、猪肉炖粉条、清炒虾仁、肉炒香芹等菜肴时，那种感觉会一下子冲抵我内心的最深处和最柔软处。

我记得有本风水学的书上说，一个家庭一定要多在家里做饭，让家里有一种红红火火的气象，那么这个家庭也会越来越兴旺发达。其实，从生活的角度来说，这个说法也未尝没有一番道理。我们之所以迷恋"家"，是因为"家"承载了太多的功能，比如睡觉的地方，做饭吃饭的地方，亲人交流思想的地方，有爱的地方等。中国有句古话"民以食为天"，可以从某个角度看出"家"的做饭功能的重要性。

在此，愿生活能被我们温柔地相待，倘若如此，我们也一定会被生活温柔地相待。

最后，献给正在努力奋斗着的我们，让我们在变得越来越好的同时，不忘初心，持续温柔地热爱这个世界。

第六章

战胜自我，
你会赢得整个人生

　　你的成绩，你的事业，你的爱情，终究是你的努力而吸引来的，
所以，从自己的全世界路过，让自己的心灵恬淡，让现世安稳。

远离那些消磨你精力和光芒的圈子

在一生之中，我们会遇到很多人，有的人给你信心和力量，但是有些人仿佛吸血鬼一般，吸光你身上的正能量。对此，我们要学会远离那些消磨自己精力和光芒的圈子。

最近和一个哥哥在一起吃了次饭，哥哥长得仿佛偶像剧里的男主角，英俊潇洒，帅气迷人，而且家境优厚，是个典型的世家公子。他为人真诚、正直，待人接物细致周到、大度热情，再加上他身上自然而然散发出来的那股贵族气息，使得他极具魅力。

我们在一起吃饭的时候，有一个朋友说那位哥哥在学生时期过于懒散，不够勤奋。那位哥哥听后，并没有生气，只是自嘲了一下。实际上，那位哥哥在平时的工作中非常勤奋，每次工作任务也都完成得很漂亮，这里面的一个重要原因是，他所在的单位里，同事们都比较勤奋。

不久，他被调到另一个单位。在这个新的单位里，他所在部门的大部分同事整天吃喝玩乐，这无形中也影响了他。当时，年轻的他在交友方面的辨别能力较弱，于是整天跟着那些同事出去花天酒地。慢慢地，那位哥哥变得懒散和贪玩，一度影响了工作。

其实，在我们周围还有很多类似的例子，有些人原本勤奋务实，在进入一些圈子后，就逐渐受这个圈子的影响，并被同化。由此可见，古训"近朱者赤，近墨者黑"还是颇有道理的。

的确，在生活中，如果我们多和优秀的人接近，那么我们就会在潜移默化中受到更多有益的影响；相反，如果我们常和一些行为不检点的人在一起，久而久之，也就会随之沾染上不好的习气。

比如在日常生活中，有些人可能会说，我过去一向勤勉，现在怎么一下子变得懒散，好像自己都不再认识自己了呢？其实，对于很多人来说，刚开始的时候，我们并不认同别人的生活方式和诸多做法，然而随着时间的流逝，当你看到所处圈子里的人都在过着这样的生活时，你会渐渐习惯于他们的生活方式，自己也就慢慢地融入其中了。

当我们处于一个充满正能量的环境时，往往会随之受到积极有益的影响。因此，自古以来，人们就在积极营造对身心发展有益的环境。历史上著名的"孟母三迁"的故事，讲孟子的母亲为了给孟子找个有益的发展环境，不惜三次搬家，就说明了外在环境对人们成长的重要性。

闺蜜小冉跟我说，她有段时间经常陪同她的先生出席各种聚会，虽然她每次参加聚会都很高兴，但在回到家后，她就不免有些失落。每次参加聚会回来后，她几乎都会需要几天时间来独处，包括利用这段时间进行心理构建，让自己重新获得平静。

可以说，人与人的人生观、价值观、世界观会有所不同，在进行一番交流之后，我们固有的思维会受到一定冲击，受到一定影响。比如，当你听多了吐槽和抱怨时，你会觉得自己本来安宁的心情被搅得乱七八糟，甚至要花较长的时间来调整自己的心情，从而恢复自己的心情。

所以，如果可能的话，我建议每个人都积极地与那些比自己优秀的人做朋友，从中获取更大的成长。其实，当我们与那些优秀的人相处时，无形之中会给予我们一定激励，为了向优秀的人看齐，我们自然会督促自己努力成长。

在我们前进的道路上，我们要对自己有个清醒的认识，懂得自己应该做什么、不该做什么，然后专注地去做，不受周围人冷嘲热讽的影响。你要知道，生命之中，你要对自己负责，假如你一事无成，最终只能由你来埋单。

我记得在结婚后，先生由于工作原因，经常到一些大城市去出差，在工作忙的时候，在一个月里，他甚至有十多天时间不回来。当他每次回来时，我会觉得他明显迥异于往日，也觉得他在言谈上显得更有深度了。或许是在出差时，他一个人独处于宾馆的房间里，这使他有了较多时间进行反思和总结，从而加深了思想的厚度。

我还有一个事业上很成功的朋友，有一次他和我聊天时说，他觉得自己越来越不愿意参加酒局了，原因很简单，那就是吃饱喝足之后，要么无休止地抱怨，要么就是吐槽，还不如一个人在家里安静地看本书。

很多时候，真正的朋友是不需要每天都厮守在一起的，尤其是在遇到棘手事情的时候，你会发现对你好的朋友也就是那么几个，而且往往不是那些在酒场上和你称兄道弟的人，反而是那些和你平时聊得不太多、却能够心心相印的人。

一般来说，凡是优秀的人，通常不喜欢人群密集的场所，因为他们自己的事情还忙不过来，又哪里有时间去喝酒吹牛？

我记得还看过一篇文章：有一个记者想要举办一场大型会议，为了提升人气，这个记者邀请了很多社会知名人士前来参加。同时，为了使得会议有一定学术氛围，这个记者还给多位教授写信，希望教授们在时间方便的情况下，来参加这个会议。他本来觉得这是一个由众多知名人士组成的精英圈子的聚会，教授们应该都会乐意参加，然而令他意外的是，被邀请的教授们几乎没有一个人来参加这场聚会。原来，这些教授无不在忙着自己的科研项目，实在没有时间或者兴趣来参加这类无聊的活动。同时，来参加这场会议活动的人，也大多是为了在这个活动里交流资源，互通有无，某种程度上来说，来参加会议的人基本上也都是出于工作或业务交流需要，几乎没有人因为闲得无聊而参加。

这时，那个记者不由恍然大悟，一个优秀的人之所以优秀，是因为他们集中时间和精力去为自己的目标而奋斗，所以，他们在选择圈子，以及决定是否参加一些圈子的活动时，通常会根据个人的实际情况进行判断，从而尽可能避免浪费自己的时间。

总之，在生命中，我们要选对圈子，用好圈子的力量，但不要良莠不分地试图加入所有圈子，否则，只会无谓地浪费自己的年华。最后，我们要好好经营自己的内心，努力经营自己的事业，让自己的大好年华不付诸东流。

你的倔强现在还好吗

在追逐梦想的道路上，我的倔强从未减弱，或许我不知道下一站是不是天堂，即便令我失望了，我也不会绝望。因为我的出发点是善良的，我已经竭尽全力，无论结果如何，我问心无愧。

多年以前，我和朋友们都喜欢唱五月天的那首《倔强》。那时，我们在 KTV，或者在草地上，总是手拉着手，一起大声地唱，每次唱到高潮处时，我们都非常动情，甚至感动得自己落泪。

其实，青春时期的我们，有着种种倔强，我们对自己认定的价值所在，总是有着倔强的坚持；对于我们认定的道路、生活方式以及爱情，有着蹈死不顾的狂热。记得在青春时代的我们，总认为自己所认定的就是对的，认为自己的倔强就是青春的力量，认为这种倔强一定会带来胜利的光辉。

记得当初刚来北京时，我秉持着一种传统的价值观，内心里有着一套自己的理念。然而，在北京这样的大都市里，有着太多优秀的人，人们在交流与相处中，各种思维难免产生一系列交流碰撞，这在很大程度上开阔了我的视野，也让我无形之中拓展了自己的思想认识。过去，我一直认为自己的价值观才是正确的，然而我越来越发现，周围的人不断地投给我一种异样的眼光。

记得我去苏宁电器那儿做促销的时候，旁边有一个做长期促销的同事，他是个男孩，他的年龄看起来比我小，但是个子很高，长得也很帅气。我问他在哪里上学，他说他已经不上学了。

"你干吗不去上学了呢？不上学又怎么会有知识，没有知识又怎么找到好工作呢？"我奇怪地问道。

"我现在不是在工作吗？"他一副不愿意搭理我的样子。

"可是，这种工作不能体现你的价值呀？你总是要找些能给你成就感的工作吧？"我瞪着大眼睛说道。

"什么成就感啊？我到这里来就是为了赚钱买游戏币，好回家打游戏！"他慵懒地看着我，一副满不在乎的样子。听到他的这句话，看到他一副玩世不恭的样子，我不由跑到他的跟前，握紧拳头，怒气冲冲，就像学生时期老师和父母训教学生与孩子那样开始训教他。

"小姐姐，你是不是看上我了，故意引起我的注意啊？告诉你！我很讨厌唠叨的女人！你真的很烦！"男孩儿转过身便不再搭理我，我也很生气地不搭理他。我完全理解不了他的价值观，在我从小接受的思想观念里，我也无法接受他的这种说辞。

我还记得在上大学时，财经老师给我们讲了邓文迪的故事。邓文迪曾是美国传媒大亨——新闻集团总裁鲁伯特·默多克的第三任妻子，还担任过新闻集团亚洲卫视业务副主席。默多克年长邓文迪37岁，两人在1999年结婚，当时默多克68岁，邓文迪31岁。当时为了迎娶邓文迪，默多克与自己的第二任妻子安娜的长达32年的婚姻匆匆结束，安娜当时悲伤地说："这不仅是我婚姻的结束，也是我生活的结束。离开他（默多克）我感到非常难过。"然而，仅维系了14年的婚姻，邓文迪与默多克两人在2013年达成离婚协议。

在我传统的价值观念里面，通常认为在婚姻中发生第三者插足是一件情理难容的事情。我认为，无论出于什么原因，即便可以从破坏他人的婚姻中获取一定利益，也不应该将自己的幸福建立在他人的痛苦上。

可以说，在听完老师讲的那堂课后，我对邓文迪和默多克的婚姻中那些受到伤害的人充满了同情，也对其中自认为不妥的做法充满了遗憾。尽管从经济的角度上来说，有些人可以从婚姻中获得一定回报，但我对此还是难以接受。

那时，我倔强地认为自己的价值观和人生观才是正确的，凡是与自己的价值观相抵触的，就是"不正确"的。然而，我记得那个财经老师在讲授邓文迪的故事时，还从经济角度分析了某些"合理"性，这让我很郁闷，甚至对那个财经老师也产生了某些看法。因此，以后再遇到那个财经老师在讲课时，我会坐到最后一排，耳朵里塞上耳机，以表示"道不同不相为谋"，以防自己"变坏"。

由于我学习的是财经类专业，便经常买一些看起来"高大上"的周刊来阅读，其实，我在每次阅读时也都是懵懵懂懂的，并非能够全部看懂。我记得曾经买了一期《三联生活周刊》，里面有一篇文章是专访潘石屹的。在读了这篇文章后，我觉得受益匪浅，可以说，这篇文章从某种程度上改变了我钻死牛角尖的习惯。

那篇文章的具体内容，我已经记不太清楚了，但是我依稀记得，那篇文章传递出了一个观点，那就是北京是一个富有包容性的城市，各种观点在这里交流和碰撞，每个人的思想，总是与其相应的生活内容紧密相关。所以，我们在坚持自己观点的同时，还要在一定程度上理解他人。

待看到这里，我不由恍然大悟。其实，无论在北京，还是在哪里，不同的人，总是会有不同的想法，人与人相处，以及待人接物时，有些原则是应该坚持的，有些事情则是需要变通的。时代在变化，岁月在变迁，如果一个人一味地抱残守缺，又怎能融入这个快速变化的时代呢？

想到这里，我不由解开了心中的结，也不再对什么都吹毛求疵。其实，我并非不倔强了，只是倔强地坚持着某些原则，同时对别人的想法有了些理解和包涵。

后来，我进一步认识到，现在很多人在追求幸福时，往往只是看重一些物质方面的欲望，结果离幸福越来越远。仔细想想，何为幸福？幸福实际上不过是一个人内心中的感受。很多时候，坚持自己的幸福之源，不要一味地被别人的看法左右，用心完成自己定下的一个个目标，幸福最后一定会来敲门。

可以说，每一个人都有追求正当幸福的理由，其所坚持的梦想也都有一定的价值，我们应予以足够的尊重，并希望每一个迷途的人都能找到充满阳光的未来，最终收获自己靓丽的人生。

着糖果般的色彩，让自己美好到发光

生命里总有一些姑娘，她们不张扬，爱生活，喜欢穿着粉色的裙子，将自己的生活装扮出糖果般的彩色。其实，我就喜欢这种让自己美好到发光的姑娘。

昨天遇到一个以前的朋友，她在上学的时候是个学习成绩很好的女孩，对生活也非常认真。后来，我在跟她聊天时，发现她把注意力几乎全部放在了本职工作和日常琐事上面，对于外面的世界仿佛不了解，仿佛除了自己的工作范围和日常生活外，对于其他的事情一概不知。说实话，如果一个人的注意力只是盯着自己眼前的一亩三分地，对外面的世界却一无所知，除了生活和工作之外没有任何精神寄托，我觉得会很容易被生活拖垮。

其实，作为一个女人，我认为除了关注自己的工作以外，还应该拿出些时间和精力关注其他事情，比如学习一门自己喜欢的手艺，有一个自己的爱好，去减肥、健身或出国。生活中，有些女人虽然四五十岁了，但仍然保持着持久的学习力，我很敬佩这样的女人。幸运的是，我的母亲就是这样的女人，她经常保持着对新生事物的兴趣，比如，她很早就将微信玩得驾轻就熟，她还早早地就学会了开车。可以说，她总是对世界充满了好奇，永远保持着充沛的精力，对我的人生观产生了积极的影响，也促进了我以后的成长。

在我身边的同龄人中，还有很多种类型的女孩。在她们之中，有智慧型的、呆萌型的、淑女型的，还有软妹子型的、女汉子型的，她们都有着将自己的生活过得闪闪发光的能力。

佩珊是一个南方女孩，我的一个大学同学，她一口浓浓的广东口音特别好听，使人一听到她说话的声音就会喜欢上她。她本人还长得很可爱。每次见到她的时候，都会感到她神采奕奕。

她爱吃零食，爱旅游，爱笑，爱看书，我记得每次看到她时，她的桌子上总是放满了甜食，她就在这样的美食氛围中捧着一本书，认真地读着。我和她聊天时，她总是充满兴致地坐在我的身边，一脸憧憬地说："你知道吗？我的梦想就是开一家温馨的书店，将它装修成小城堡的样子，然后我在书店里面准备好蛋糕，以及很多很多的甜食，让那些爱书的人，一边看书，一边吃蛋糕与甜食！"

她在说这些话的时候，脸上的笑容仿佛点亮了整个天空。看着她那享受的样子，我也顿时觉得生活无限美好。

平时，她有着倔强的小固执，尤其在交朋友时非常谨慎，只有遇到她认为"志同道合"的人，她才愿意与对方做朋友。

她在玩的时候，可以说玩得够嗨；在学习的时候，又可以瞬间发力，奋发地学习。在毕业时，她被选为优秀毕业生。

毕业后，我们由于工作繁忙而不常见面，但经常通过 QQ 来保持联系。在她的 QQ 空间里，我经常看到她到处旅游的图片，那些图片上的她，依然笑得非常开心，仿佛世间没有什么事情能够影响她的快乐。她偶尔会在 QQ 空间里写些文字，这些文字软软的，令人遐想。

我会经常记起她说过的梦想，也多次为她那美好的憧憬而心动。随着时间的流逝，尤其是走向社会后，工作和家庭事务日渐忙碌，我觉得她或许已经忘记了自己当初的梦想，然而有一日，我在她的 QQ 空间里，看到了她自己烘焙的小蛋糕、小饼干、月饼之类的美食，她穿着粉色的围裙，站在她出版的作品旁边。照片中，无论是她还是蛋糕与美食，看起来都是那么可爱。不仅如此，她做的甜品在微信朋友圈里也卖得火爆，她还会把自己出版的书送给顾客当礼物。这些书都是在她的业余时间写的。原来，她一直未忘记自己的梦想，她正在用一种适合自己的方式实现着自己的梦想。

还有红红，她是一个在我记忆中永远穿着红色衣服的女孩，在她的脸上永远有着迷人的笑容。红红喜欢唱歌、喜欢逛街、喜欢学习、喜欢开着越野车到处驰骋，她的状态仿佛永远都在路上。她说，同事们都不喜欢出差，可是她喜欢，她喜欢去各个地方出差，并从中锻炼自己，开阔自己的视野。她是一个渴望独立的女孩，一个散发着青春活力的女孩，在每次想到她时，我不由为之心潮澎湃，我整个人也会变得热情洋溢起来。

可以说，像佩珊、红红这样的女孩，她们都有一颗开放的心灵，从来不会故步自封，她们仿佛对远方有着旺盛的好奇心，并且以自己强大的生命力去到达与实现。真的，我喜欢这个世界上闪闪发光的女孩，是她们让这个世界美丽而芬芳。

青春，不必计较成败

有些经历，有些感情，重要的并不是要什么结果，而是过程。这些过程或许不能成就你什么，但是却能让你看清自己。

青春期的爱情多半是失败的，就像很多人结婚的对象都不是初恋。因为在那个时候，我们过于青春年少而不懂事，不知道怎么付出，也不知道怎么表达、怎么理解，甚至不知道尊重。

不管怎样，那个时候的我们是真正地快乐过，真正地付出过了，所以我们在回忆时问心无愧。其实，人生并非要达到什么样的结果，重要的是你走过什么样的路，以及你所前进的方向。

阿笙的男朋友一直在外地，他们两个人就一直通过手机和电话联系，有时也会在电脑上进行视频。他们之间的感情已经有五年时间了，从高中时候起，他们就是恋人，后来上大学时，他们没有在同一所学校就读。上大学后，长相甜美而漂亮的阿笙，引来了很多男生的追逐，但她一一拒绝，并坚持和自己的男友谈着那场聚少离多的恋爱。

在追求阿笙的男生中，高大帅气的阿浩一直没有放弃，但阿笙从来未曾理睬过她。因为阿笙不想给阿浩想象的空间，因为阿笙和自己高中时的男朋友之间的感情不容许她动摇。

然而，异地恋听起来唯美，可在现实生活中却未必如此。某种程度上说，异地恋充满了凄苦。比如说，当阿笙遇到困难和挫折的时候，日思夜想的恋人总不在身边；当她一次一次生病的时候，恋人甚至连电话都没有打来；当她心情低落，希望他在自己身边的时候，那个远方的恋人总是鞭长莫及。于是，在一次次的失望之后，阿笙与男友的感情在慢慢地冻结。

有一次，阿笙在跟男友吵完架后，去外面买些东西。走在路上，阿笙不由觉得精神恍惚，突然被一辆从身边经过的汽车蹭倒在地，阿笙当场晕了过去。当阿笙醒来时，发现自己躺在医院的病床上，阿浩在她的身边照顾她。接下来的日子里，阿笙在医院里住院一周，这期间，都是阿浩在照顾着她，而她的男朋友此时正在考一个很重要的证书，根本顾不上赶过来看望她。

可以说，在她内心最沮丧，最需要人帮助和照顾的时刻，陪在他身边的只有阿浩，她的男朋友却没有出现。阿笙意识到，在她男朋友的心里，她甚至比不上一纸证书。想到这里，阿笙不由得很难过。

在医院养伤的那段日子里，阿笙伤心欲绝。她失望地认为自己在男朋友的心里根本不重要，她对自己未来的生活甚至充满了绝望。就在这时，阿浩对阿笙的追求一如往常，对阿笙的照料也是尽心尽力，于是，阿笙的心不由慢慢地倾向了阿浩，而且对阿浩有了些好感。最后的结局，阿笙与高中时的男朋友分手，选择阿浩做了恋人。

说实话，异地恋真的不易，比如，身处此地的你即便遇到了很大的困难，而彼地的对方却无法感同身受，即便感同身受，又往往鞭长莫及。很多时候，爱情败在了距离的手里，这几乎是一个不争的事实。对于很多人来说，年轻时或许难免经历情感上的曲折，同时，我们也会从这些曲折的经历中获得若干警示与启发，从而促进我们的成长。

　　小周是公司里新来的职工，他的工作能力强，长相阳光而帅气。周围那些同龄人中，不少人已经结婚生子，而他却还孑然一身。每想到此，他都不免暗自哀叹。

　　其实，早在学生时期，小周就展现出英俊潇洒的有为青年形象，他曾经暗恋一个女同学，而这位女同学的闺蜜又喜欢着小周。后来，小周向这位女同学求爱时被拒绝，而这位女同学的闺蜜向小周显露爱意时又被小周拒绝。最后，这位女同学和闺蜜为了不伤害彼此的感情，于是约定都不能选择小周。就这样，小周被莫名其妙地剩了下来，直到现在。

　　还有一个女孩叫小甜，她喜欢一个叫明川的男生，可是，当她一见到明川时，就紧张得什么话都说不出来，倒是她身边的闺蜜阿凉一见到明川时就和明川有说有笑。对此，小甜暗地里吃醋，表面上又不好意思显露出来，因此每天不免心事重重。接下来的日子里，当小甜一看到明川和阿凉在一起有说有笑时，小甜就会默默地告诫自己：放弃吧，不要和闺蜜争男朋友，最后，小甜对明川的这场暗恋也就这样悄然结束了。

　　其实，在我们的一生中，很多时候，你喜欢的人未必能够和你在一起，即便曾经在一起，将来也未必有结果。然而，对于我们来说，在青春时期大胆地去爱，去追求，绽放青春的活力，无论成败，只要你尽心尽力了，就一定会有不同程度的收获。

战胜自我，你会赢得整个人生

没有人天生就是天才，也没有人天生就是人生赢家，我们都是从克服自己的种种弱点起步，最后一步步成长为最好的自己。

每个人都想成功，都想拥有一个完美的人生，包括拥有红红火火的事业，拥有甜蜜的爱情，拥有完满的家庭生活等。然而，在这个世界上总是有人成功，有人失败。有人能从一个落魄的人成长为人人膜拜的人生赢家，有的人本来握着一手好牌，却因为自身的诸多弱点，最后落得一败涂地的结局。

很多人在人生的一个阶段到达了人生的顶峰，但后来却遭遇了颠覆性的失败。有的人虽然命运曲折，却在不断克服自己的弱点之后，最终享受到了生命的馈赠。

其实，很多人刚开始的时候并不完美，只是不断地自我纠正，最后才有了不菲的成就。比如，曾国藩在年轻时曾有过一度浮躁的经历，正如他在家书里所写：一开始，他经常喜欢去朋友家做客、闲聊、下棋、聊天；然而一到晚上夜深人静的时候，他就不免自责，觉得自己的学问没有与日俱增，反而经常周旋于日常琐事，让自己浪费了很多宝贵时光。于是，他开始闭门谢客，认真地研究学问，修养自己的身心。

在曾国藩的家书里，还可以看到他在年轻时候的一些其他缺点。比如，他听说自己的一个朋友刚刚纳了一个漂亮的小妾时，自己就不免在心里充满羡慕和嫉妒。

后来，曾国藩想起这些事情，心里总是不免自责和愧疚，便狠狠地批评了自己，通过专心学习来控制自己的言行。

另外，年轻时期的曾国藩还常因为骄傲和不注意说话方式而得罪别人，这一度造成了他的一系列挫折。当曾国藩意识到自己的这些问题时，开始认真反思，然后用心修炼自己，因而不断地获得进步。

可见，作为一个人，身上有缺点并不可怕，可怕的是在看到这些缺点后，是否能够认真地克服和改正。曾国藩在对自身缺点进行不断改进后，最终成长为后来手握数十万湘军的封疆大吏，对当时的晚清政府产生了举足轻重的影响，甚至引起清朝最高统治者的忌惮。

自古以来，功高震主的人鲜有善终，比如，春秋时期的越国谋士文种，在帮助越王勾践消灭吴国后，终因未能逃过"飞鸟尽，良弓藏；狡兔死，走狗烹"的历史劫数而被越王勾践赐死；在历史上杀害功臣最为出名的恐怕要数明太祖朱元璋了，明朝的开国功臣几乎被朱元璋屠杀殆尽；相对来说，湘军鼎盛时期的曾国藩，可谓一手掌控了清朝的安危，曾国藩当时对清廷的震慑力，也引起了清廷的忧虑，然而曾国藩既能上得去、又能下得来，做到了全身而退，并得以善终。曾国藩生前几乎位极人臣，死后被清廷赠赐谥号"文正"，其中，"文正"可谓是中国封建王朝时期文臣死后最高级别的谥号，由此可见清朝对曾国藩一生的褒奖之极。

实际上，这与曾国藩持之以恒的"修身"紧密相关。可以说，曾国藩在自身修养方面近乎完美，正是凭着这种坚忍不拔、不断完善自己的力量，曾国藩最终登上了人生的顶峰。

相对来说，有些人或许起点较高，但他们松懈了对自身的要求，任由人性中的缺陷蔓延，最终将自己推向了万丈深渊。比如与曾国藩同时期的肃顺，一度在咸丰帝去世后成为清廷的"顾命八大臣"之首，执掌了清朝的中枢。由于肃顺未能协调好与以慈禧太后为首的势力、以恭亲王奕訢为首的势力的关系，最后在慈禧太后联合恭亲王奕訢发动的辛酉政变中落败，"顾命八大臣"也随之被一举逮捕，其中，肃顺被斩于北京菜市口，享年45岁。

相比较而言，肃顺出身于清朝宗室贵族，平时不免有骄横之嫌，曾国藩则一向低调、谦虚，凡事严格要求自己，做事谨慎。有句古话说得好："小心驶得万年船。"很多笑到最后的人，正是处处严于律己，才最终收获了丰硕的人生。

其实，每个人生来都是有缺点的，然而，有缺点并不可怕，只要能够下决心努力改掉这些缺点，就会逐渐理顺人生的发展之路。可以说，任何人只要努力修养自己，坚持不懈地去做，就一定会有收获。

在生活中，很多人患有拖延症，比如"三天打鱼，两天晒网"，做什么都不能持之以恒；还有些人做事虎头蛇尾，开始的时候热情高涨，但是慢慢地就没有了热情，变得能拖就拖。

实际上，我过去也常犯拖延症，很多时候战胜不了自己。为了改变我的这个缺陷，我在做事的时候，为自己规定了时限，比如只要自己坚持按时完成了任务，就送给自己一个礼物作为奖励，我这样坚持了一段时间后，原先的拖延症果然改掉不少。

如今，根据自己的时间安排，我在一年里写了两本短篇小说合集，还和其他作者合作写了两本短篇文集，此外还向一些出版单位投稿若干。我这一年下来，还读了二十余本书，制定了下一年的写书计划。不仅如此，我日常的工作还一点也没有耽误，甚至获得了"五一劳动模范"等奖状。可以说，我在工作上还是尽职尽责的，但在性格方面，我觉得自己还需要改进。比如，我平时只喜欢那些夸奖我的人，难以虚心接受别人的批评。比如，领导在批评我的时候，我总是不能虚心地接受，而且态度相当差，这使得我和领导之间的关系一直都不太好。

在我意识到自己的这个性格缺陷后，我便看了很多书来改进自己的修养，让自己虚怀若谷，让自己听得进别人中肯与善意的建议和批评。

于是，我变得越来越能接纳别人的意见，在领导批评我的时候，我能够控制住自己的情绪，让自己虚心接受。现在，我的人际关系也在朝着良性的方向发展。

总的来说，那些收获人生硕果的人，无不属于能够战胜自我的人。毫不夸张地说，如果每个人任由自己的性格缺陷扩张，那么你的人生将会面临很大的麻烦，甚至崩盘。

因此，我们要成为自己命运的掌控者，就必须深入地剖析自己，努力地做到"择其善者而从之，其不善者而改之"，让自己的心地更加阳光，让自己的性格更加健康。倘能如此，你一定能够成为自己人生的赢家。

做一个内心柔软的人，成就最美满的家庭

有一颗柔软的心，随时准备让自己放低姿态，让自己的内心充满光明与温暖，你的家庭会越来越幸福，你的心情会越来越阳光。

什么样的女人是最美的？什么样的人又是最成功的？我认为答案是："内心柔软的人！"

早在春秋时，孔子曾经去向老子请教学问。老子没有说话，只是伸出舌头让孔子看了看。孔子当即领悟，然后叩头称谢。舌头是人体中极为柔软的部分，柔能克刚，可谓老子的基本思想。其实，柔能克刚的道理在我们的社会中有着广泛的运用。比如说，在一个家庭里面，如果每一个人用柔软的心态彼此相处，而非粗暴地针锋相对，那么这个家庭里往往会充满祥和的气氛。

在生活快节奏的今天，不少人变得越来越浮躁，每个人性情中的戾气有余，而从容和柔软则不足。实际上，内心柔软的人，在生活中通常是比较有人情味的人；内心柔软的女人，即便长相不够艳丽，但给人的印象往往也是美好与迷人的。

可以说，如果一个人能够时刻以柔软的心地和放低的姿态去和别人相处，那么这样的人生一定是温暖而美好的。反之，那些急躁、暴躁，总是以强硬的态度去面对别人的人，她的内在也一定充满了负能量。

其实，你会发现，那些事业有成、生命充实的人，往往话语圆润，言谈有如"润物细无声"，他们在与人交谈时，即便在反驳他人时，也不会让被反驳者感到不舒服。相反，有些人在说话时，总是喜欢让别人不舒服，令人焦躁不安与厌恶，通常来说，他们对自己的人生缺乏规划，他们的人际关系往往也比较糟糕。

有位哲人说得好："人生处处是学问。"在我们的生命中，处理人际关系是一门不小的学问，处理家庭生活同样是一门学问，而且是一门不容忽视的学问。

可以想象，如果一个人连最为基本的家庭关系都处理不好，那么很难想象他还能有其他方面的什么成就。在现代社会中，不少人是独生子女，这就使得很多人在家庭中，从小就缺乏与同龄人的交流，以至于长大成家后，怎样处理夫妻关系、家庭关系，也成为人们的一项必修课。

我认为，夫妻关系的相处在于互相尊重，保持距离得当，近之则不逊，远之则易生隙。比如，夫妻之间关系太近，整日厮守，日久不免生腻；夫妻之间若相距太远，甚至两地分居，则易给第三者以插足的机会。

人们常说，一个家庭快乐与否，百分之八十的因素取决于女人，可见女人在家庭关系中的重要性。早在我国古代时，人们就已经意识到，在一个家庭里面，男人属于"乾"，女人属于"坤"。其中，"坤"代表着大地，大地应该是稳定的，如果大地一摇晃，那么这个家就不能稳定了。可见，女人关乎一个家庭的稳定与否。

在一个家庭里，若男人的情绪不稳定、发脾气，那么此时，女人的态度就很重要。如果女人也和他一样，大声地叫嚷，那么双方很容易会演变成吵架，甚至更严重的地步；如果女人能够及时控制自己的情绪，温婉地提醒他，开导他，给他倒杯水沏个茶，或许他的气就消了，家庭又会恢复祥和。

我和先生刚结婚的时候，曾经有段时间，彼此也发生过不快，但是我们从来不会把这种不快告诉父母，以免让父母操心。慢慢地，我发现在一个家庭里，谁都有不高兴的时候，没有必要因为一点小事就和对方起争执。

比如，在他大声叫嚷的时候，我则沉默不语，或者微笑地看着他，他常常说着说着就自己笑了；当我的心情不好，冲着他大声嚷的时候，他则默默地看着我，最后一场战争就不了了之。

可以说，在一个家庭里，输赢并不重要，重要的是互相体谅，彼此尊重，主动放低自己的姿态，柔和、圆满地解决家庭纠纷，而不是争个你死我活。

其实，当我们和某个人相恋、结婚的时候，我们就应该告诉自己，每个人都有优点和缺点，在欣赏对方优点的同时，还要能够包容对方的不足，甚至帮助对方去改正缺点。

如今，社会上的离婚率很高，在我们身边就有很多结婚不到半年就离婚的例子，说到底，这往往是双方之间缺乏包容心的缘故，双方没有致力于一起变得更好，而是缺失了必要的耐心，以及当初的柔软。

对于很多人来说，家庭的稳定可以让你有足够的精力和心情去经营自己的人生、经营自己的事业，更好地实现自己的人生目标。

当生活出了狠招，愿你接得不慌不忙

所有的路，所有的障碍，只要你迈过去，你就会发现，前面的道路会更加的宽广和美好。

上大学的时候，我特别喜欢一个老师的课。他是一个特别有魅力的老师，他每次来讲课仿佛是在履行一个庄严的职责。在每次上课时，他都穿得非常正式，西装革履，精神抖擞，显示出十足的正能量。我们特别喜欢听他的课，因为他不仅仅教授给我们知识，更多地传授给我们积极的人生理念。那时，同学们聚精会神地听他讲课，生怕错过哪句话。

然而，他有一段时间突然没有来给我们上课，待他再次回来给我们授课时，他的精神状态发生了很大的变化。他仿佛变了一个人，在他的眼神里，原先闪亮的光芒在消退，从他的口中难以听到原先那种振奋人心的话，他讲授的课程也变得索然无味。我们不知道发生了什么情况，但是却真切地感到了他的激情在消退，他的内心好像在慢慢地变得寒冷，这意味着他的生活遭遇了某种不幸的变故。

的确，在生命中，我们难免遭遇一些打击，从而在一定程度上改变我们的人生理念。然而，生命的硕果属于心灵的强者所有，能拯救我们的只有自己，如果在挫折与不幸面前，你任由负能量蔓延，你的心神被这些负能量击垮，最后受伤的也只能是你自己。

在我的周围，就有很多朋友在面对困境时，并未被轻易地击倒，而是展示出不屈的坚韧。或许他们在困境之中经历过迷茫和无助，但是他们最终迈过了这道坎。

燕子是一个长得漂亮，而且个性独立的女孩，她平时喜欢居家，她每天的最大爱好就是打扫卫生，而且总是将家里打扫得干干净净。她还喜欢养花，在她家里的阳台上就养了很多花，大概有一百多盆，她的家宛若在花的海洋里。她则像一个花仙子一般，一有空就在花丛中忙碌着。

燕子待人真诚，为人热情，善良大方，是众人眼中难得的好姑娘。她的家庭原本非常幸福，后来，她的老公却被人骗了，欠下了巨额的外债；她的先生为了不拖累她，主动和她离了婚。于是，她往日的幸福家庭瞬间消逝。

她带着年龄尚小的孩子一时不知道该怎么办。在那段时间里，她难过到了极点，经常浑身冰凉到发抖。我们都很担心她，怕她过不了人生中的这个坎，更怕她想不开做出什么极端的举动。尽管如此，身为外人，对她只能报以同情，难以帮上她，我们也只能痛在心上。

然而，出乎众人意料，又令我们宽慰的是，她表现得异常坚强，她告诉自己为了孩子，绝不会被生活打败。她认真地生活，努力地工作，独自带着孩子去旅行，在业余时间里，她还做微商，将自己所有的时间安排得满满的，不让自己有空悲伤。

现在的她，每天过得都很开心，仿佛忘记了生命中的挫折，她也变得更加从容和淡定。她的乐观也激励了我们，让我们坚定地相信，她的生活一定会重新变得好起来。

记得心理学博士黄菡说过，每个人的一生中难免会有一段异常艰难的时光，在这段时光里，你的苦痛，别人无法与你感同身受，或许你在深夜里痛哭到无眠，或许你曾经想到过绝望，但是再苦再累，再痛再难熬，你也要咬牙挺过，否则明天的光辉灿烂将与你无关。对于世人来说，关心的并不是你的痛苦，而是你在痛苦之后是否能够承受得住。

生命中，有的时候，你难免会遇到困难，当你克服了困难时，你就会获得成长；当你在生活中解决了一个又一个难题时，你便会获取相应的智慧；当乌云降临到你的生活中时，勇敢地走出黑暗，你就会感受到生命的光辉；当挫折来临时，你能坚强地跨过挫折，就会走向一个新的成功。

所以，你不必告诉别人那些难熬的日子有多么苦，因为很多伟大都是熬出来的。我相信，总有一天，你会向世界大声地宣告：任何的不幸与困境，我都能够坚强地挺过，我不会向命运屈服！最后，当生活出了狠招时，相信你一定能够接得不慌不忙。

珍爱生命，远离暖男渣

　　将自己的内心修炼好，让自己的心灵充盈起来，疼爱自己，让自己活得充实而丰盈，让自己的内心饱满到幸福。只有这样，在你面对暖男渣的糖衣炮弹时，你才会具备极强的抵抗力。

　　有一段时间，在我们的生活中很流行"暖男"这个词，是说一个男人很暖，也就是说这个男人对女人细心体贴到极致，懂得怎么照顾你的情绪，怎么得到你的欢心，以及怎么让你高兴起来。这些暖男像煦日的阳光一样，让你温暖和幸福。

　　但也有些人从表面上看是暖男的形象，但当你靠近他们时，却会有意无意地受到伤害。比如，金庸武侠小说《倚天屠龙记》里的张无忌，就是典型的暖男。他一会儿对白眉鹰王殷天正的孙女殷离好，一会儿又对紫衫龙王黛绮丝的女儿小昭体贴入微，甚至不止一次地与小昭有过亲密的举动；此外，他又一边惦记着峨眉派弟子周芷若，一边又放不下元朝汝阳王之女赵敏。虽然张无忌刚开始的时候说自己喜欢周芷若，但在面对殷离、小昭、赵敏对自己的眷恋时，又不知道如何拒绝。结果，殷离、小昭、周芷若只得纷纷离开张无忌而去，仅留下赵敏与张无忌相伴，但是张无忌又要遵守对周芷若的承诺，永远不能与赵敏拜堂成亲。

　　在现实中，也有很多这样的男人，平时对你嘘寒问暖，照顾起人来细致周道。在刚开始的时候，你会觉得这个男人好像对你"情有独钟"，但实际上，他对每个女人可能都是如此。所以，女人一定不要轻易被"暖男"感动。

现实生活中，还有很多女孩被所谓的"暖男"吸引，最后却发现，自己不过是众多被他温暖的女孩中的一个，最后不由伤心欲绝，欲哭无泪。可见，女孩在辨别一个男生是不是专属于自己的"暖男"时，要加以认真分辨。

为了增强自己的分辨能力，作为女孩，要懂得修炼和丰富自己的内心，让自己的心里充满爱。此外，我们还要好好地疼爱自己，丰富自己的生活内容和精神世界，同时还要加强锻炼，保证自己有一个健康的身体，培养自己独立处理事情的能力。当我们在做好自己的时候，就会对一些暖男渣增强抵抗力，避免自己从中受到伤害。

另外，我还时常听到有人说家里有女孩就要"富养"，在我看来，这并不是指物质上的富养，而是指精神上的富养，比如说，从小的时候，要让女孩内心平和，让她的精神丰富，这样的话，她就不会由于缺乏关怀而被别人轻易地欺骗。因为内心健康的女孩，往往具备较好的辨别真伪的能力。

其次，当暖男对你进行追求的时候，你要仔细地辨别，他对你的好是否基于真心。比如，金庸武侠小说《神雕侠侣》中的郭襄"一见杨过误终身"，最后出家为尼，终生未嫁。原来，郭襄十六岁时遇到杨过，杨过送给她三枚金针，并为她在丐帮盛会中大办生日，这使她终生难忘；后来，杨过与小龙女并肩归隐，郭襄则开始在江湖中寻找杨过踪迹的漫长旅程。

此后，郭襄行走江湖，自北而南，又从东至西，几乎踏遍了大半个中原，希望能与杨过碰面，然而，年华逝去，她始终没有听到杨过的音讯。这期间更是经历了宋亡元兴，花落花开，不知经历了多少人事沧桑。在四十余岁那年，郭襄突然大彻大悟，便在峨眉山绝顶剃度出家，精研武功，最后成为一代武学宗师。如果我们从一个普通女人的情感历程来说，那么郭襄在情感上可谓是曲折的，是值得同情的。

再次，我们要拉开时间的维度，用长远的眼光来看待一个人。如果一个人是个暖男渣，那么日久见人心，他肯定会早晚露出破绽。比如说，他同多个异性保持着暧昧的关系，如果你对这样的暖男渣仍然有所奢望的话，那么你在最后必然伤痕累累。

总的来说，在恋人的世界里，无论哪一方都要远离暧昧，因为暧昧会使恋人关系变得不再澄澈。对于女人来说，在选择爱情时，还是要选择一份只对自己一个人用心的男人，或许这个男人不会甜言蜜语，也不懂得哄你开心，但是他会只把你一个人放在他的心尖上。一个女人此生能得一个男人的万千宠爱，可谓足矣。

与智慧为伴，你将拥有最为圆满的美好

当你不随波逐流，不人云亦云，让智慧来帮你做每一次选择的时候，上帝才会馈赠给你最为圆满的美好，因为你值得拥有这些美好。

什么样的人才配得上拥有最为美好的人生？应该说，人生赢家并非随随便便不付出任何努力就可以成就的，你要有清晰的目标和智慧的决断，才能赢得最美的喝彩。

在生活中，有些女人把日子过得很好，在她们看来，或许是一件很平常的事情，但对别人来说，或许未必简单，因为一个人要过好日子往往需要一定智慧。一般来说，女人的智慧，通常源于其温柔的坚持。

对于一个女人来说，善良与温和是一种美好的品质，正是因为这样的品质，一个女人才变得美好。另外，我们的善良与智慧，还要基于某种立场，因为毫无立场的善良，有如东郭先生对狼那样，最终反而使自己受害；如果一个人"善良"到这种程度，那么显然就谈不上智慧了。

在历史中，我非常欣赏两个帝王的爱情故事：一个是汉宣帝刘询和他的皇后许平君的故事，另一个是光武帝刘秀和皇帝阴丽华的爱情故事。这两个故事中有一个相似之处是，在皇帝尚未得志的时候，她们就与皇帝不离不弃。在登基后，两位皇帝本来都想立自己的原配夫人，即在自己未得志时一直陪在自己身边的女人为皇后，只是两位原配夫人的态度不同，从而使得她们最后的结局也不尽相同。

比如，许平君听从汉宣帝刘询的安排，在权倾一时的大将军霍光家族不同意的情况下当上了皇后，最后，许平君被霍家串通医官毒死，霍光的女儿霍成君被立为汉宣帝的皇后。霍光死后的第二年，汉宣帝刘询以霍光有谋反罪，下令将霍光家族诛灭，不久又废黜霍成君的皇后之位，霍成君后来自杀。汉宣帝对许平君的爱泽及许平君生育的孩子，汉宣帝在自己的诸子中，立他与许平君生的儿子刘奭（shì）为继承人，即为汉元帝。某种程度上来说，汉宣帝为许平君报了仇。尽管如此，我想许平君也会有些不甘心，因为她未能陪自己最爱的男人走到最后。

相对来说，阴丽华不仅同样美丽，而且很有智慧。阴丽华是我国春秋时期名相管仲的后裔，由于管仲的一个后代被封为阴大夫，因而管仲的这一支后裔便以"阴"氏为姓；阴丽华便属于这支阴姓后裔中的一员。阴丽华年轻时以美貌著称，在刘秀还是尚未发迹的没落皇族时，就曾感叹："娶妻当得阴丽华。"后来，在王莽建立的新朝末年，刘秀起兵，在昆阳之战中以少胜多击败王莽的军队，为推翻王莽奠定了基础。事业有成的刘秀紧接着迎娶阴丽华，将阴丽华作为自己的原配，实现了自己当时的愿望。然而，刘秀娶了阴丽华不久，为了统一天下的需要，他不得不娶盟友的外甥女郭圣通为妻。这时，阴丽华并未吃醋，而是同意刘秀再次娶妻。后来，刘秀称帝，建立了东汉政权，阴丽华又从大局着眼，建议刘秀立郭圣通为皇后。由于后来刘秀和郭圣通多次发生矛盾，刘秀便下旨废黜郭圣通的皇后位，改立阴丽华为皇后。相对来说，阴丽华就表现出了足够的大度和智慧。

可见，在人生中，我们有时并非简单地向前走就能走向辉煌，我们更需要运筹帷幄的智慧。在人生旅途中，我们必须清醒地认识到什么时候该进，什么时候该退。有的时候，退一步海阔天空，暂时地压抑自己，是为了更好地向前迈进。

其实生活在现代社会，当我们面对一定的人生高度需要选择时，我们要想一想，自己在这样的人生高度上去后，是否还能下得来。很多时候，我们不仅要上得去，更要能够下得来。

朋友紫衣就职于一家大型的企业。有一次，她的上级想要给她升职，但是她却谢绝了。当时，很多人对她的选择表示无法理解，认为这样好的机会很难遇到。然而，她只是淡淡地一笑，并未接受这个升职的机会。

她认为，人到了一个较高的职务级别，不免会有各种各样的应酬和会议，这并不是她喜欢的生活内容。相对而言，她更喜欢那种下班后就回家给老公和孩子做饭，或者忙些家务活儿的日子。后来，看到有些朋友虽然身居高位，但每天无心料理家事，而紫衣虽然过得平平淡淡，但生活却很祥和，倒也令人羡慕。

如今，随着生活阅历的增长，对于紫衣当初的选择，我越来越理解。一个人生活在这个世界上，不可以随波逐流，也不可以活在别人的眼光里，一定要清醒地掌控自己的生活，要明白地知道自己究竟想要什么，用你智慧的心灵去选择，放弃掉那些不必要的包袱，去选择你心底最想要的生活。

其实，在生命中，很多时候，我们向前一步，未必是天高任鸟飞，若能退后一步，也许是海阔凭鱼跃。孰去孰从，这都需要我们做出智慧的选择，我相信，上帝终将会给你最为完美的馈赠。

让生命放飞梦想，你终会看到最美的风景

人生最美好的时刻，就是心中充满了梦想并为之奋斗的时刻。因为在你奋斗的时刻里，前方的光明和希望将会给你无穷的力量，那是人世间最为美好的光芒。

我从小便爱好写些文章，喜欢用自己的想象力描绘一段故事。在上小学一年级的时候，我就是班级里的故事大王，每到上体育课时，就会有一群同学围着我，听我讲故事。

其实，我在生活中是一个腼腆的人，通常一天也说不了几句话，但是一讲起故事来，我就会很奇怪，自己竟然能够滔滔不绝地讲个不停，而且绘声绘色，那些听我讲故事的人也无不一脸痴迷的表情。

记得上小学的时候，我换过好几次学校。每到一个学校里，我都会被称为故事大王。每次在班级里的活动课上，大家总会请我站在讲台上给大家讲故事，有时候，我讲的故事能让整个班级的人捧腹大笑。

对此，老师们也都很奇怪，我平日里总是独来独往，也不爱说话，可一到班级活动课上，却表现得异常勇敢，毫不胆怯地面对全班的老师和同学，而且每一次出场都会让老师们对我刮目相看。

到了初中的时候，我依旧是故事大王。体育课上，男同学们在球场上驰骋，女同学们则围坐在我的身旁听我讲故事。

　　她们总是好奇我的脑子里面怎么会有那么多的故事。其实，这主要是因为我喜欢安静，平时又不喜欢交朋友，便总是拿起家里唯有的几本书来看，看得多了，也就逐渐能够将书本里的故事融会贯通了。

　　记得在小的时候，我特别爱看书。只是我那时的家境并不太好，没有太多钱去买书，所以家里只有少量的几本书。于是，我把这几本书从头到尾读了很多遍，直至倒背如流，这不仅锻炼了我的记忆能力，还锻炼了我的表达能力，也就为我后来能够成为"故事大王"奠定了基础。

　　在高中的时候，我的作文总是被老师当作范文在班级里诵读。虽然我在高中时，接触的书多了起来，但仍是难以满足我那时在看书方面膨胀的欲望。在高中岁月里，我的内心充斥着焦躁和不安，每天仿佛得了抑郁症一样，有种说不出的伤感。

　　直到现在，每当我路过曾经就读的高中学校，或者回忆起高中岁月里的那段经历时，我的内心还会有股难言的阵痛。

　　现在想来，或许在高中岁月时，我每日里的生活内容只是学习，再者，那时并没有过多的书籍让我缓解现实中的彷徨，所以才让我陷入一种焦躁和不安之中。

　　到了大学时，学校里的图书馆有着众多的书，在很大程度上满足了我对图书的渴求。我开始以图书馆里的书为伴，在看书之外，我也开始写诗歌，写散文。在这个时候我才明白，我在高中时期之所以焦躁，是因为我内心中的情感波澜没有任何宣泄的出口，更没有足够的智慧引导我走出熬人的焦躁和抑郁。于是，大学时期的我，在看书之外，进一步把讲故事、写文章当作我情感宣泄的出口，并引导我徜徉在如诗般美好的时光里。

　　大学毕业参加工作后，我一度陷入了生活中的琐碎，焦躁不堪。后来，我开始写文章，即使劳累，但是每日里却很开心，因为我每天都活在自己用文字编织的梦境里；同时，QQ 群、微信群里的朋友们还给我以积极的引导，让我每天充满了生机和微笑。

由于内心充满乐观，我身边的很多人就觉得我特别年轻。我把这归功于文字和梦想的滋养。我在坚持了几年写作事业后，发现其中最重要的收获是，这份坚持让我免于陷入日常的琐碎之中，让我对未来生活充满了美好的向往，也让我的生活变得更加美好。

前不久，我在写完两部短篇合集后，决定给自己放两个月的假。在这两个月里，我不再熬夜，也不再写字，只完成每天的日常工作与照顾家人。然而，在这种状态下，我一个月下来后，觉得自己的精神特别地不好，每天睡不着觉，还整天疑神疑鬼，脾气暴躁得不行。看到我这副模样，同事们便开玩笑，说我是更年期提前了。

说实话，我不知道问题出在了哪里，就觉得我的生活陷入了黑暗和灰色，甚至觉得自己周围的世界都变得不好了。

有一天，出版社的编辑说，需要我修改一篇文章。在我着手写字的那一刻，在我与 QQ 里的写作群和那些奋斗着的小伙伴们沟通写作经验的那一刻，我忽然觉得自己的内心明亮了起来。

我看到了另外的一种生活方式，发现我不再总是局限于自己身边的那些琐事，也看到了自己未来的可能和美好人生的希望。

原来，梦想就是一个人坚信自己年轻的力量，拥有梦想的人生才是光明和美好的；原来，梦想一刻都不可以停歇；原来，生命中最为美好和温暖的时刻，就是你在为了自己的梦想而奋斗的时刻。

人生需要梦想，它会让你看到未来充满希望的光芒。而且，我坚信，每一个刻苦努力、为了自己的梦想去奋斗的人，都会到达那个梦中的远方。原来，真正的休息不是睡眠，也不是无所事事，更不是放空自己，而是每日里都在为自己引以为傲的事业而奋斗。

本来，我觉得给自己放两个月的假期可以让自己美美地放松一把；然而我发现，越是空闲无聊，越会让自己空虚乏味。实际上，如果一个人懂得用心思索，那么他（她）在经历一段挫折后，就会从中有所领悟。正如我在经历一段空闲的时间后，发现自己无法适应这种空闲时间里无所事事的状态，这种认识从某些方面警醒了我，让我意识到，如果一个人丢掉自己钟爱的事业，只会让自己陷入迷茫和不知所措的境地。

我终于发现，原来生命中的光芒不是一味求之于外的，它需要发自内心深处的照耀，需要你用执着的信念去引导自己为着一种崇高的使命而奋斗。我相信，如果你的梦想在远方，并且用毕生的时间和精力去追求梦想，你一定可以看到最为美好的风景。

什么也代替不了实力

不要浮躁，不要激进，不要攀比，静心努力，安心让自己做对的和
该做的事情，才能让自己在未来保持最好的状态。

在这个世界上，很多人选择了本末倒置，比如，年轻时，明明应该
勤奋努力，却选择了投机取巧，在尝到一两次甜头之后，更是停滞了努
力和成长，企图仅需用"巧"就可以摘取生命中胜利的果实。然而殊不
知，失败已经悄然埋下了伏笔，当你的梦想还缺乏相应的行动做匹配的
时候，你的梦想只会被人笑作"吹牛""痴人梦语"。

俏江南的创始人张兰是我在学生时代很崇拜的一个女人。她早年留
学加拿大，在那里做了两年的餐馆工，不辞辛劳地洗盘刷碗，之后怀揣
从加拿大打工所得的2万美元回北京，开办了第一家餐馆。经过在餐饮
行业为期十年的打拼与资金积累后，她正式创建了俏江南公司，打造了
高端餐饮品牌"俏江南"。后来，张兰也成为我国著名的餐饮界富豪之一。

可以说，一个人小的成功可能靠运气，但是大的成功一定是靠实力
得来的。一个人的实力从哪里来？通常离不开学习和实践，尤其是实践。
一个人不应仅仅满足于掌握方法，在掌握方法后，还要多做事，从做事
中增强做事的能力、提高做事的水平。其实，张兰在餐饮界的成功，与
她在餐饮行业形成的经营实力是分不开的。

一个人无论做什么事情，要想做好，都需要一定的实力。比如说，一名主持人，即便头顶上有很多光环，有着很多身份，但是若连一场晚会都主持不好，自身又没有足够的才能做支撑，那么他在职业生涯方面必然不会走远；对于一个作家来说，即便名气很大，但是创作出的作品却一部不如一部，那么他的创作之路必然会渐到尽头；一个歌手，哪怕拥有的身份再耀眼，但是在现场唱歌时却屡屡跑调，那么这个歌手的歌唱事业必然受挫。可见，这个世界都是以你的实力为基础的，如果你没有能力，却只有一个浮华的头衔，那么你所有的得到都不会持久。

所以，我们要努力修炼好内在的自己，要认真地去学习，要懂得健身，有机会的话可以出国旅游，多参加户外运动，多接触美好的大自然，你会发现这个世界很美好。平时不要把精力放在走关系、攀门路方面，要知道你的实力才是自己最为坚强的后盾。

基于此，朋友，静心修炼自己吧，让自己沉下心来，趁自己还年轻，好好地奋斗，让自己具备不可替代的核心竞争力，提升自己的核心价值。当你的实力提高到一定程度的时候，一切好运都会向你招手。

丫丫是一个性格活泼的女孩，她在工作上的业务做得很好，因而很受领导的器重。后来，领导决定给她升职，让她做部门主管。然而，她却委婉地拒绝了。原来，她觉得担任主管职务会减少自己的业余时间，这样的话，会使她用于业余学习的时间不足，还会影响她的兴趣爱好。对丫丫来说，升职加薪和自己的兴趣爱好，她会毫不犹豫地选择后者。

还有个小伙子是个汽车修理师，别人修不了的故障，到他那里，就会轻松地搞定。每次他提出加薪时，老板马上就会批准；然而，其他修理师就没有这样的好运，如果给老板提出加薪，不是被拒绝，就是一副"不想干就走人"的姿势。

　　这个小伙子之所以能够如此受到老板的器重，得益于他在下班后，长期默默地钻研和学习，还得益于他日复一日的分析和经验总结。这个小伙子的努力程度，是其他修理师所无法比拟的。可见，你如果想得到什么，就要首先付出别人所没有付出的努力。

　　可以说，时光是魔法大师，在时光的沙漏下，胖子通过不懈地健身可能会成为瘦子；瘦子若忽略了对健身的坚持，可能会成为大腹便便的胖子；穷人通过自己的奋斗，或许会成为富人；富人若肆意挥霍自己的财产，可能会变得一贫如洗；有的人通过努力获得了令人艳羡的成就和耀眼的光芒；有的人一成不变地抱残守终，瞻前顾后，守着一份吃不饱饿不死的工作，任由岁月蹉跎，苦等退休时光的来临。

　　我们不妨想一想，世界那么大，人生那么短，如果不去放手一搏，不去领略这个世界的大好风光，我们的生命岂不可惜？为此，我们唯有不懈努力，才会越努力、越幸运，才能不负此生。

只要你开始，什么时候都不算晚

其实，你所认为的最晚，才是最早的开始。如果你爱好什么，就去做什么吧，趁着阳光正好，趁着大好年华，义无反顾地去搏一搏！

其实，每个人的心里都有想要做的事情，以及期待想要成为的人，只是由于种种原因，被当下的事情给耽搁了，而当你有空的时候，你又会觉得太晚了，认为即便去做也未必能够做好，于是逐渐放弃了追求和梦想。然而，人生哪有如此多的恰好，哪有如此多的一切趁早。在艰难的岁月里，我们几乎都是在边走边摸索。

前段时间里，我在网上看了一段关于清华大学"卓越的旅程"的专场演唱会。台上有 75 位演员来自清华的 27 个院系，他们的演出特别出色。在演奏结束后，全场响起了雷鸣般的掌声。然而，这 75 人中有50 人是进入清华后才开始学习管乐的。所以，一旦你决定了，就不要害怕，只要你想开始，一切就都不会过晚。

就像大器晚成的摩西奶奶，她本来只是一个普通的农场女工，一生中生育了 10 个孩子，可以说，她这一辈子几乎都为家庭所套牢，都在忙着家庭琐事。然而，她在 76 岁的时候开始绘画，80 岁的时候在纽约举办了个人画展，在当时引起很大的轰动。在摩西奶奶 100 岁的时候，当时还在日本一家医院做外科大夫、却又自幼做着文学梦的渡边淳一，写信问摩西奶奶是否应该放弃这份令人厌倦、却收入稳定的工作，而去从事自己喜欢的写作事业。摩西奶奶收到这封信后，用明信片进行了回复，里面写了这样一句话："做你喜欢的事，哪怕你现在已经 80 岁。"在摩西奶奶的激励下，渡边淳一开始追求自己的文学梦想，最终创作了 50 部长篇小说及其他作品，成为名扬世界的文学大家。

另外，我还很喜欢《罗辑思维》脱口秀节目的主讲人罗振宇先生。他在四十岁的时候开始与朋友合作打造《罗辑思维》这款互联网自媒体视频节目，并且取得了极大的成功。我想，罗振宇先生的成功固然得益于他在节目制作方面的科班出身，比如他是中国传媒大学的博士生，以及他在央视中的早年历练，但更为重要的是，他在做着自己喜欢的事情。可以说，如果你在做着自己喜欢的事情，无论从什么时候开始，都不会晚，只要你坚持和努力，美好的未来就会向你招手。

我还有个朋友，她在三十岁的时候，才在业余时间开始自己的烘焙事业，并学会了在微信朋友圈里销售，成功地使很多人喜欢上了她的甜品。尽管烘焙的事业很小，但却是她曾经的梦想，也让她找到了人生的方向。

在这个世界上，我们只要找到自己喜欢做的事情，并勇于开始，那么就不会晚。一个人内心中的想法，有如一颗种子，你要坚持，就一定能够破土而出，茁壮成长。

最后，坚定自己内心的期望，无论到了什么季节，你都要勇于开始，执着付出，相信一切都不会晚。

只要不放弃，你终会遇到最美的自己

好好地对待这个世界，好好地对待自己，辛勤地付出，你会从纷繁芜杂的世界中遇见最美的自己。天道酬勤，时光终不会负你。

时光是一个很奇怪的东西，能让一切物是人非，能使原本的辉煌一落千丈，也能将毫不起眼的人打磨成最为耀眼的明星。然而决定这些结果的因素在于你自己。只要你不放弃，就算是降落，也是为了以后更高地升起；只要你不放弃，梦想始终站在离你不远的前方等着你。

这个世界上总有那么多追求美好的人一直相信努力的意义，一直用他们那最为强大的精神感动我们。就像有一些人，虽然不起眼，但是仍会非常努力，他们的精神终会在感动自己的同时，也感动时光。

还有另一些人，明明沦落到了生命的最低点，依旧相信努力的意义，并将努力当成生活中的一部分。

他们在给予我们启示的同时，将美好也留在风里，将这种美好铭刻在时光上，并在光阴里蜕变成一个最为美好的自己。

一天，我和几个朋友坐在一起喝茶，真是十年河东，十年河西。有一个同学，当年在我们中间是最为辉煌的，可是，如今的她，在我们这些昔日朋友中最为落魄，她的心情也显得非常失落。

我们极力地安慰她，我们也都知道有些事情不能怪她，最后她破涕为笑道："好了，你们还以为我真的伤感啊？虽然我现在什么都没有了，但是我不是还在奋斗吗？我还有属于自己的工作，我还在做着自己喜欢的事情，即便现在苦一点，难一点，我想这些困难都会过去！那些过去的辉煌一定会重新回到我的身边，不是吗？"

是的，我们相信她说的话一定会实现。我们相信努力的结果一定会促进梦想的实现，我们也相信奋斗的力量，相信美好的未来一定会青睐努力奋进的人。

就像在我们中间，有个一直默默努力的女孩，她原本是那么不起眼，现在的她却耀眼迷人到极点，如今她已经开了五家美容店。她就是百合。

回首往事，在我们这群姐妹里面，原先只有百合的处境是最差的。她在高中毕业后，就直接去了当地一家工厂工作，成为众多普通打工者中的一员。我们当时不免为她感到可惜，但是她的家庭条件不好，父母没有多余的钱供她读书。她怕跟我们在一起的时候，没有话题聊，所以在我们每次聚会时，她总是告知没有时间来，然后一个人在家里静静地看书。

毕业后，我们都去各忙各的，由于生活里面没有了太多的交集，所以彼此也就很少聚会。只是有几次，百合和我聊天时，让我推荐几本国学的书籍，她说她要挑选一部分书给员工看，我当时听后也没有多想。

后来听同事们说，一家新开的美容院特别好，老板娘长得美丽，价位也合适，主要是美容效果好，而且这家美容院还开设着心灵美容课程。听到同事们说这家美容院那么好，我有次就跟着同事们去了这家装潢精致的美容院，到了里面才知道，这家美容院的老板竟然就是百合。是的，她的默默努力，活出了比我们更为辉煌的现在。

那天在美容院里与百合聊天后，我才知道，她在那些年打工挣的钱从来没有乱花，她把这些钱都攒了起来。她不希望自己的青春就这样毫无建树地过去，于是在她把钱攒到一定程度的时候，就去首都北京学习了美容。

在学习美容的时候，她发现，在给客人做皮肤上的美容时，还可以对客户进行心灵上的"美容"，于是，她又自学了心理学。她有时对客户笑着说："你们这些白领啊，压力那么大，可以说，皮肤上的美容是其次的，心理上的美容才是最重要的呢！"

后来，她拿着自己攒的钱，又贷了一些款，创建了这家属于她自己的美容院。没有想到，她的事业越来越红火，生意做得越来越好。身价倍增的她变得越来越美丽，越来越有内涵。她说，她常给员工推荐国学方面的书，在提升员工气质的同时，也传递出了现代女性独有的魅力。

在离开百合的美容院时，我不禁心生感慨。无论一个人的起点如何低，处境如何差，只要敢想，坚持自己的梦想不放弃，长期不懈地努力，那么时光终会帮助你实现逆袭，让你成为最闪耀的自己。

我记得在贝加尔文摘上有这么一个真实的故事。有一次，一位瑞典的女歌手在公园里看到一个无家可归的流浪汉，他坐在角落里忘我地弹唱着自己编写的歌。

这位路过的女歌手被他的歌声打动，于是将他带回到录音棚。当流浪汉的歌曲公布出来后，这位流浪汉一夜成名，他的歌曲在网络中甚至一度跃升到第一名的位置。有家很出名的唱片公司主动找到了这位流浪汉，跟他签订了唱片合约，并且为他发行了唱片。

的确，对于这位流浪汉来说，即便在流离失所、无家可归的时候，他仍然没有放弃对于音乐的热爱，即使他的生活穷困潦倒，看不到任何生活的希望，他也仍然通过写歌唱歌来陪伴自己，让努力成为他的一种习惯，成为他生活的一部分，成为他流浪生涯中的一部分。于是，他最终等到了机会和成功，也找到了最美的自己。

有的时候，你的努力看不到效果，那是因为你的努力还没有到达瓜熟蒂落的程度。但是，请你相信，你的那些努力时光都会一一记录在案。

最后，我想说的是，在当今飞速发展的社会里，一时的低潮并不算什么，起点比别人低也不算什么。关键是，只要你不放弃，只要你不断地完善自己，只要你肯努力，只要你肯用心，只要你肯奋斗，那么辛苦努力的你，一定会遇到那个闪闪发光的自己。对于辛苦付出的人，时光终不会辜负你。

请相信，你的努力，终将成就灿烂的自己！